大数据与人工智能技术丛书

计算机视觉

Python+TensorFlow+Keras深度学习实战　微课视频版

◎ 袁雪 著

清华大学出版社
北京

内 容 简 介

人工智能正在成为全世界产业变革的方向，处于第四次科技革命的核心地位。计算机视觉（Computer Vision）就是利用摄像机、算法和计算资源为人工智能系统安上"眼睛"，让其可以拥有人类的双眼所具有的前景与背景分割、物体识别、目标跟踪、判断决策等功能。计算机视觉系统可以让计算机看见并理解这个世界的"信息"，从而替代人类完成重复性工作。目前计算机视觉领域热门的研究方向有物体检测与识别、语义分割、目标跟踪等。本书围绕着计算机视觉的关键技术，介绍基于深度学习的计算机视觉的基础理论及主要算法。本书结合常见的应用场景和项目实例，循序渐进地带领读者进入美妙的计算机视觉世界。本书共分为 11 章，第 1 章为人工智能概述；第 2~5 章介绍计算机视觉的几种关键技术，即图像分类、目标检测、图像分割和目标跟踪，并将这四项关键技术组合完成人工智能的实际应用；第 6、7 章介绍人工智能的两个典型应用：文字检测与识别系统及多任务深度学习系统；第 8 章介绍一种非常有意思的深度学习网络——生成对抗神经网络；第 9 章介绍制作训练和测试样本的方法；第 10 章介绍如何安装 TensorFlow、Keras API 及相关介绍；第 11 章介绍综合实验。本书提供了大量项目实例及代码解析，均是基于 Python 语言及 TensorFlow、Keras API 的。本书的每章均配有微课视频，扫描书中的二维码，可观看作者的视频讲解。

本书不仅可以作为大学计算机及相关专业的教材，也适合自学者及人工智能开发人员参考使用。

本书封面贴有清华大学出版社防伪标签，无标签者不得销售。
版权所有，侵权必究。举报：010-62782989，beiqinquan@tup.tsinghua.edu.cn。

图书在版编目（CIP）数据

计算机视觉：Python+TensorFlow+Keras 深度学习实战：微课视频版/袁雪著. —北京：清华大学出版社，2021.9（2024.3重印）
（大数据与人工智能技术丛书）
ISBN 978-7-302-57925-0

Ⅰ.①计⋯ Ⅱ.①袁⋯ Ⅲ.①计算机视觉–软件工具–程序设计 Ⅳ.①TP311.561

中国版本图书馆 CIP 数据核字(2021)第 061985 号

策划编辑：魏江江
责任编辑：王冰飞
封面设计：刘　键
责任校对：郝美丽
责任印制：曹婉颖

出版发行：清华大学出版社
　　　　网　　址：https://www.tup.com.cn，https://www.wqxuetang.com
　　　　地　　址：北京清华大学学研大厦 A 座　　邮　编：100084
　　　　社 总 机：010-83470000　　　　　　　　　邮　购：010-62786544
　　　　投稿与读者服务：010-62776969，c-service@tup.tsinghua.edu.cn
　　　　质 量 反 馈：010-62772015，zhiliang@tup.tsinghua.edu.cn
　　　　课 件 下 载：https://www.tup.com.cn，010-83470236
印 装 者：三河市天利华印刷装订有限公司
经　　销：全国新华书店
开　　本：185mm×260mm　　　印　张：10.5　　　字　数：242 千字
版　　次：2021 年 9 月第 1 版　　　　　　　　　　印　次：2024 年 3 月第 4 次印刷
印　　数：5001~6000
定　　价：39.80 元

产品编号：090080-01

前 言

计算机视觉是人工智能领域的一个重要组成部分，它的主要任务是对采集的图片或视频进行处理以获得相应信息。传统的计算机视觉算法的主要步骤是提取包括边缘、角点、颜色等图像特征，然后利用这些图像特征完成图像处理与机器学习的任务。传统算法的主要问题在于需要告诉系统在图像中寻找哪些图像特性。由于提取图像特征部分是人为设计的，在实现的过程中，对于算法、功能及阈值的更改都需要手工完成，这对高质量的项目实现造成了很大的障碍，而深度学习的出现解决了这一问题。当前，深度学习在处理计算机视觉子任务方面取得了重大进展。深度学习的最大不同之处在于它不再通过精心设计的算法来搜索特定的图像特征，而是通过训练大量的神经网络参数来实现。本书将从计算机视觉的四大关键技术出发，详细介绍基于深度学习的计算机视觉技术的基础理论、主要算法项目实战及代码实现。本书结合常见的人工智能应用场景，循序渐进地带领读者进入美妙的计算机视觉世界。

第 1 章介绍人工智能概述，对人工智能的发展历程及常见的应用案例进行详细介绍；第 2 章讲解卷积神经网络的基本原理，几种常见的深度卷积神经网络框架，并介绍图像分类的项目实战；第 3 章主要讲解目标检测的基本原理，几种典型的目标检测算法，并介绍目标检测的项目实战；第 4 章讲解图像分割的基本原理，几种典型的图像分割算法，结合项目实战使读者进一步理解图像分割算法；第 5 章介绍目标跟踪的基本原理，几种典型的目标跟踪算法，并通过项目实战介绍目标跟踪算法的实现过程；第 6 章讲解文字检测与识别系统的基本构成及原理，几种典型的文字检测及识别算法，并通过项目实战进一步介绍文字检测与识别的实现过程；第 7 章讲解多任务深度学习网络的原理、构建方法和实用技巧，并通过项目实例给出了易于理解的项目实战方法；第 8 章讲解生成对抗神经网络的基本原理，介绍几种典型的生成对抗神经网络算法，并通过项目实例介绍生成对抗神经网络的构建过程；第 9 章主要讲解怎样制作训练样本，包括数据的标注及数据增强两部分；第 10 章介绍 Keras 和 API 的安装方法；第 11 章介绍综合实验。按照以上章节介绍的理论及案例，就可以逐步开启计算机视觉的项目实战了。

时光荏苒，岁月如梭，转眼研究计算机视觉与神经网络已经近二十个年头了，感谢引领我进入这个领域的恩师谷荻隆嗣教授，在教授那里学习到的研究方法和学术态度让我受益终身。在漫长岁月里，由于计算资源的限制和一些结构上的缺陷，神经网络一度备受冷落，由衷地敬佩和感慨 Geoffrey Hinton 教授在这一领域锲而不舍地坚持和奉献，让深度学习真正地进入了产业界,解决了我在漫长二十年的学术生涯中遇到的多个百思不得其解的难题。同样感谢我的学生们的支持和奉献。本书的部分章节参考了我指导的研究生黄伟杰、裴柳、李博、李雪倩、支勇、王贝贝的硕士论文及毕业设计成果。在撰写书稿的过程中,重新翻开同学们的毕业论文,在一起奋战的日日夜夜一幕幕地浮现在眼前。传承、融入、影响、身教、合作、困惑与顿悟汇成了我对计算机视觉的全部理解。

编 者

2021 年 7 月

目 录

资源下载

第 1 章 人工智能概述 ··· 1
  1.1 人工智能的发展浪潮 ··· 1
  1.2 AI 技术发展历史 ·· 4
      1.2.1 AI 技术三要素之算法 ··· 4
      1.2.2 AI 技术三要素之计算资源 ·· 6
      1.2.3 AI 三要素之数据 ·· 6
  1.3 视频分析技术的应用案例 ·· 9
      1.3.1 基于人脸识别技术的罪犯抓捕系统 ··························· 9
      1.3.2 基于文字识别技术的办公自动化系统 ····················· 10
      1.3.3 基于图像分割及目标检测技术的无人驾驶环境感知系统 ··· 10
      1.3.4 基于目标检测及跟踪技术的电子交警系统 ············· 10
      1.3.5 基于图像比对技术的产品缺陷检测系统 ················· 10
      1.3.6 基于行为识别技术的安全生产管理系统 ················· 10
  1.4 本章小结 ·· 10

第 2 章 深度卷积神经网络 ··· 11
  2.1 深度卷积神经网络的概念 ·· 11
  2.2 卷积神经网络的构成 ·· 12
      2.2.1 卷积层 ·· 12
      2.2.2 激活函数 ·· 12
      2.2.3 池化层 ·· 14
  2.3 深度卷积神经网络模型结构 ·· 14
      2.3.1 常用网络模型 ·· 14
      2.3.2 网络模型对比 ·· 20
  2.4 图像分类 ·· 20
  2.5 迁移学习 ·· 21
  2.6 图像识别项目实例 ·· 22
      2.6.1 下载 ImageNet 的训练模型 ······································ 22

2.6.2　ResNet 模型构建 ·· 23
　　　2.6.3　测试图像 ·· 26
　2.7　本章小结 ·· 27
　2.8　习题 ·· 27

第 3 章　目标检测 ··· 28
　3.1　目标检测的概念 ·· 28
　3.2　基于候选区域的目标检测算法 ·· 29
　　　3.2.1　Faster R-CNN 目标检测算法 ·· 30
　　　3.2.2　基于区域的全卷积网络（R-FCN）目标检测算法 ····························· 30
　3.3　基于回归的目标检测算法 ·· 32
　　　3.3.1　YOLO 目标检测算法 ·· 32
　　　3.3.2　SSD 目标检测算法 ·· 33
　3.4　目标检测算法评价指标 ·· 34
　3.5　深度卷积神经网络目标检测算法性能对比 ·· 35
　3.6　目标检测项目实战 ·· 36
　　　3.6.1　Faster R-CNN ·· 36
　　　3.6.2　用 YOLO 训练自己的模型 ··· 40
　3.7　本章小结 ·· 43
　3.8　习题 ·· 43

第 4 章　图像分割 ··· 44
　4.1　图像分割的概念 ·· 44
　4.2　典型的图像分割算法 ·· 45
　　　4.2.1　FCN 分割算法 ·· 45
　　　4.2.2　DeepLab 图像分割算法 ··· 45
　　　4.2.3　SegNet 图像分割算法 ·· 47
　　　4.2.4　U-Net 算法 ·· 47
　　　4.2.5　Mask R-CNN 算法 ··· 48
　4.3　图像分割评价标准 ·· 49
　4.4　图像分割项目实战 ·· 50
　　　4.4.1　FCN32 模型构建 ·· 50
　　　4.4.2　FCN8 的模型构建 ·· 52
　　　4.4.3　Seg-Net 的模型构建 ··· 53
　　　4.4.4　U-Net 的模型构建 ·· 56
　4.5　本章小结 ·· 58

4.6 习题 59

第5章 目标跟踪 60
5.1 目标跟踪的概念 60
5.2 基于光流特征的目标跟踪算法 63
    5.2.1 基于光流特征跟踪算法概述 63
    5.2.2 LK 光流法 63
    5.2.3 金字塔 LK 光流法 65
5.3 SORT 目标跟踪算法 66
    5.3.1 卡尔曼滤波器 67
    5.3.2 基于匈牙利算法的数据关联 69
5.4 Deep SORT 多目标跟踪算法 70
    5.4.1 Deep SORT 算法跟踪原理 70
    5.4.2 外观特征间的关联性计算 71
    5.4.3 利用运动信息关联目标 71
    5.4.4 级联匹配 72
5.5 目标跟踪算法评价指标 72
5.6 Deep SORT 算法主要程序及分析 73
    5.6.1 目标检测框的获取及坐标转换 73
    5.6.2 卡尔曼滤波 74
    5.6.3 深度外观特征的提取 78
    5.6.4 匹配 79
    5.6.5 后续处理 80
5.7 本章小结 82
5.8 习题 82

第6章 OCR 文字识别 83
6.1 OCR 文字识别的概念 83
6.2 文字检测 84
    6.2.1 传统的文字检测算法 84
    6.2.2 基于深度学习的文字检测算法 84
6.3 文字识别算法 90
    6.3.1 基于 DenseNet 网络模型的序列特征提取 90
    6.3.2 基于 LSTM 结构的上下文序列特征提取 92
    6.3.3 字符序列的解码方式 93

6.4 项目实战 ... 96
6.4.1 CRAFT 模型搭建 ... 97
6.4.2 CRNN 模型搭建 ... 98
6.4.3 文字检测与识别程序 ... 100
6.5 本章小结 ... 105
6.6 习题 ... 106

第 7 章 多任务深度学习网络 ... 107
7.1 多任务深度学习网络的概念 ... 108
7.2 多任务深度学习网络构建 ... 108
7.2.1 多任务网络的主要分类 ... 108
7.2.2 并行式网络 ... 110
7.2.3 级联式网络 ... 111
7.3 多任务深度学习网络的代码实现 ... 114
7.3.1 构建多任务深度学习网络 ... 115
7.3.2 多任务深度学习网络的训练 ... 117
7.3.3 多任务深度学习模型测试 ... 117
7.4 本章小结 ... 120
7.5 习题 ... 120

第 8 章 生成对抗神经网络 ... 121
8.1 生成对抗网络的概念 ... 121
8.2 典型的生成对抗网络 ... 122
8.2.1 DCGAN ... 122
8.2.2 CycleGAN ... 124
8.3 传送带表面缺陷样本增强案例 ... 127
8.4 项目实战 ... 129
8.4.1 DCGAN ... 129
8.4.2 CycleGAN ... 131
8.5 本章小结 ... 133
8.6 习题 ... 133

第 9 章 样本制作与数据增强 ... 134
9.1 数据的获取 ... 134
9.2 数据的标注 ... 134
9.2.1 目标检测与识别标注软件 LabelImg ... 135
9.2.2 图像分割标注软件 LabelMe ... 135

	9.3	数据增强	135
	9.4	项目实战：数据增强	136
		9.4.1 数据增强库的安装与卸载	136
		9.4.2 数据增强库的基本使用	137
		9.4.3 样本数据增强的结果	137
		9.4.4 关键点变换	138
		9.4.5 标注框（Bounding Box）变换	140
	9.5	本章小结	142
	9.6	习题	142

第10章 Keras 安装和 API ··· 143

- 10.1 安装 Keras ··· 143
  - 10.1.1 第1步——安装依赖项 ··· 143
  - 10.1.2 第2步——安装 TensorFlow ··· 145
  - 10.1.3 第3步——安装 Keras ··· 146
  - 10.1.4 第4步——测试 TensorFlow 和 Keras ··· 146
- 10.2 配置 Keras ··· 147
- 10.3 Keras API ··· 147
- 10.4 TensorFlow API ··· 147
- 10.5 本章小结 ··· 148

第11章 综合实验：基于 YOLO 和 Deep Sort 的目标检测与跟踪 ··· 149

- 11.1 算法流程 ··· 149
- 11.2 实验代码 ··· 150
- 11.3 实验评价 ··· 156

第 1 章

人工智能概述

微课视频

人工智能正在成为全世界产业变革的方向，处于第四次科技革命的核心地位。计算机视觉就是利用摄像机、算法和计算资源（计算机、芯片、云等）为人工智能系统安上"眼睛"，让其可以拥有人类的双眼所具有的前景与背景分割、物体识别、目标跟踪、判断决策等功能。计算机视觉系统可以让计算机看见并理解这个世界的"信息"，从而替代人类完成重复性工作。目前计算机视觉领域热门的研究方向有物体识别和检测、语义分割、目标跟踪等。

本章学习目标

- 人工智能的发展趋势
- 人工智能技术的发展历史
- 计算机视觉技术的应用案例

1.1 人工智能的发展浪潮

人工智能（Artificial Intelligence，AI）已经成为新一轮产业革命的核心驱动力，正在对世界经济发展、社会进步和人类的生活产生极其深刻的影响，人工智能将带来第四次产业革命。为了抓住人工智能的机遇，各大科技巨头都将人工智能作为企业最核心的战略。截至 2017 年年底，超过 22 个国家把人工智能上升到国家战略。表 1-1 列出我国发布的相关政策。可以说，无论从国家政策的角度，还是从 AI 技术发展的角度，我们已经正式地跨入人工智能时代。

人工智能开启了时代的变革，它可以说是一种认识和思考的方式，重新认识和思考传统行业、传统生活，重新思考和认识这个世界，我把这种重新认识和思考世界的方式定义为 AI 思维。同时，它也是一种技术，可替代人脑完成感知和决策，可以替代肢体执

表 1-1　我国发布的相关政策

时间	单位	发布政策
2015.7	国务院	《国务院关于积极推进"互联网+"行动的指导意见》
2016.3	国务院	《国民经济与社会发展第十三个五年规划纲要》
2016.4	工信部、国家发改委、财政部	《机器人产业发展规划(2016—2020年)》
2016.5	中共中央、国务院	《国家创新驱动发展战略纲要》
2016.5	国家发改委、科技部、工信部、中央网信办	《"互联网+"人工智能三年行动实施方案》
2016.7	国务院	《"十三五"国家科技创新规划》
2017.3	国务院	《政府工作报告》
2017.7	国务院	《新一代人工智能发展规划》
2017.12	工信部	《促进新一代人工智能产业发展三年行动计划(2018—2020年)》
2018.4	教育部	《高等学校人工智能创新行动计划》

行大脑发出的指令。综上所述，归纳人工智能时代需要的能力包含 AI 思维和 AI 技术，如图 1-1 所示。人工智能将重新定义生产方式，数据成为生产资料，算法+计算资源成为生产力。互联网是连接生产资料及生产力的方式，从而建立新的生产关系，如图 1-2 所示。其中，AI 技术是一种通用技术，如同计算机或互联网技术一样。而 AI 思维，是利用 AI 技术解决现在和未来各行各业存在的问题，实现替代人类并且超越人类的目的。

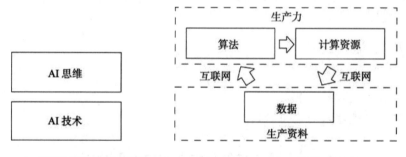

图 1-1　人工智能时代必备的能力　　　图 1-2　人工智能三要素

我们已经看到，现阶段的 AI 技术在某些领域已经可以替代人类，甚至比人类的生产效率更高。未来的组织人员架构可能是"菱形"的，其中大量处于底部的基础性、重复性日常岗位会被 AI 所取代。人工智能触发的产业变革，将涉及所有行业。行业是否会被 AI 技术改变，甚至被彻底颠覆，以及如何以一种全新的模式重构各行各业，是我们在未来都要思考和实践的。不容置疑，人工智能将带来巨大的社会变革，这次技术革命带来的变化远远超出我们的想象，未来三十年 AI 将深入到社会的方方面面，改变传统制造业、服务业、物流、能源行业，改变教育和医疗，我们所有的生活将随之改变。

深度学习是目前人工智能领域最流行的算法之一。深度学习的概念源于人工神经网络的研究，含多个隐藏层的多层感知器就是一种深度学习结构。深度学习通过组合低层的特征形成更加抽象的高层属性，从而发现数据的分布式特征表示。研究深度学习的动机在于建立模拟人脑进行分析学习的神经网络，它模仿人脑的机制来解释数据，例如图像、声音和文本等。自从 2012 年起，深度学习就以势如破竹之势破解了一个又一个经典的人工智能问题。如图 1-3 所示，目前深度学习主要的应用领域包括视频分析、语音识别、自然语言处理等。

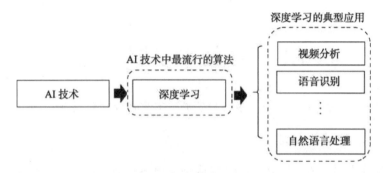

图 1-3　深度学习的典型应用

基于深度学习算法的人工智能系统结构图如图 1-4 所示。人工智能系统中，传感器就好像人的感官，而深度卷积神经网络就好像是人的大脑，对感官采集到的信号进行分析并做出决策。眼睛是人类最重要的感官，人们从外界接收的各种信息中 80%以上是通过视觉获得的，所以，视觉分析对于人工智能系统而言十分重要，也是深度学习技术的重要应用之一。本教程将介绍用于计算机视觉的深度学习技术。

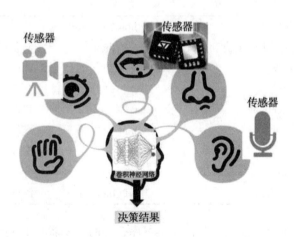

图 1-4　基于深度学习算法的人工智能系统结构图

深度学习利用深层神经网络模拟人脑进行模式识别，从而实现认知外界的目的，从图像中进行特征提取与模式识别，其端到端的学习范式在计算机视觉领域得到广泛应用。相比于基于传统的数字图像处理、几何光学、传统机器学习方法，深度学习往往具有更强大的特征学习和表示能力。

2009 年，美国斯坦福大学李飞飞团队通过 3 年努力，创建了囊括 2.2 万不同种类的物体或场景的 1400 多万张图片的数据集 ImageNet，并组织了相关比赛（ImageNet Large Scale Visual Recognition Challenge, ILSVRC）。2012 年，由 Geoffrey Hinton 及其学生 Alex Krizhevsky 团队所设计的 AlexNet 网络，将卷积神经网络（CNN）首次应用于 ImageNet 数据集上，并以压倒性的优势取得了 LSVRC12 图像分类的冠军，从此开启了深度学习在计算机视觉领域研究的热潮。

1.2 AI 技术发展历史

AI 技术的三要素为数据、算法及计算资源。本章将分别介绍 AI 三要素的发展历程。

1.2.1 AI 技术三要素之算法

当前，深度学习是 AI 技术中最流行的算法，其基础算法已经较为成熟，各大厂商纷纷发力建设算法模型工具库，并将其封装为开源软件库，供开发者使用。目前业内巨头开发了基于自身技术体系的训练及推理的软件框架，将打造开源的深度学习软件框架作为其生态的核心。常用的深度学习软件框架如表 1-2 所示。本书主要结合 TensorFlow 和 Keras 开源软件库介绍用于计算机视觉的实用案例。

表 1-2 常用的深度学习软件框架

框 架	单 位	支持语言	简 介
TensorFlow	谷歌	Python/C++/Go/…	神经网络开源库
Caffe	加州大学伯克利分校	C++/Python	卷积神经网络开源框架
PaddlePaddle	百度	Python/C++	深度学习开源平台
CNTK	微软	C++	深度学习计算网络工具包
Torch	Facebook	Lua	机器学习算法开源框架
Keras	谷歌	Python	模块化神经网络库 API
Theano	蒙特利尔大学	Python	深度学习开源库
DL4J	Skymind	Java/Scala	分布式深度学习开源库
MXNet	DMLC 社区	C++/Python/R/…	深度学习开源库

Keras 是一个非常容易上手的深度学习库，它的开发者是 Francois Chollet。Keras 是可以运行于 TensorFlow 或 Theano 上的高端神经网络软件库，主要有模块化、最小化和易扩展的特点。

深度学习算法的发展历程如表 1-3 所示。1986 年，David Rumelhart 提出了一种适用于多层感知器的反向传播算法——BP（Back Propagation）算法。BP 算法在传统神经网络正向传播的基础上，增加了误差的反向传播过程。反向传播过程不断地调整神经元之间的权值和阈值，直到输出误差减小到允许的范围，或达到预先设定的训练次数为止。

BP算法完美地解决了非线性分类问题，让人工神经网络再次地引起了人们广泛的关注。但是由于20世纪80年代计算机的硬件水平有限，运算能力跟不上算法的要求，这就导致当神经网络的规模增大时，使用BP算法会出现"梯度消失"的问题，这使得BP算法的发展受到了很大的限制。2006年，Geoffrey Hinton等正式提出了"深度学习"的概念。他们在世界顶级学术期刊 *Science* 发表的一篇文章中详细地给出了"梯度消失[①]"问题的解决方案，即通过无监督的学习方法逐层训练算法，再使用有监督的反向传播算法进行调优。该深度学习方法的提出，立即在学术圈引起了巨大的反响，以斯坦福大学、多伦多大学为代表的众多世界知名高校纷纷投入巨大的人力、财力进行深度学习领域的相关研究。而后又迅速蔓延到工业界中。2012年，在著名的ImageNet图像识别大赛中，Geoffrey Hinton领导的小组采用深度学习模型AlexNet一举夺冠。AlexNet采用ReLU激活函数，从根本上解决了梯度消失问题，并采用GPU极大地提高了模型的运算速度。同年，由斯坦福大学著名的吴恩达教授和世界顶尖计算机专家 Jeff Dean 共同主导的图像识别实验，用16000个CPU Core的并行计算平台训练一种称为"深度神经网络"（Deep Neural Networks，DNN）的机器学习模型，采用了无监督学习的方式，算法没有明确的标签与指导。把海量的数据投入到模型中以后，神经网络能够自动发现和提取有意义的特征，例如，它自己产生了意识——能够自己领悟到如何"识别猫"，尽管它事先没有被告知什么是"猫"。

表1-3 深度学习算法的发展历程

神 经 网 络	深 度 学 习	
神经网络系统开始具有自主学习能力	互联网、云计算、大数据技术发展 深度学习算法实现应用 资本大批进入	
David Rumelhart 于1986年提出BP算法	Hinton 于2006年正式提出"深度学习"并进行实证	2016年 AlphaGo 首次击败人类围棋世界冠军
1996年 Deep Blue（深蓝）		
20世纪80年代	21世纪初	现在 第四次工业革命

---

① 梯度消失：梯度消失问题是指在深层神经网络中，由于连续的层级乘法，梯度可能会在传递的过程中指数级减小，最终导致前面层中的权重更新非常缓慢或者几乎不发生。这个问题使得深层网络的训练变得困难。

深度学习算法在世界大赛脱颖而出，再一次吸引了学术界和工业界对于深度学习领域的关注。随着深度学习技术的不断进步以及数据处理能力的不断提升，2014 年，Facebook 基于深度学习技术的 DeepFace 项目，在人脸识别方面的准确率已经能达到 97%以上，跟人类识别的准确率几乎没有差别。这样的结果也再一次证明了深度学习算法在图像识别方面一骑绝尘。2016 年，谷歌公司基于深度学习开发的 AlphaGo 以 4∶1 的比分战胜了国际顶尖围棋高手李世石，深度学习获得了前所未有的热度。深度学习技术正在被推广到其他崭新的应用中。

1.2.2　AI 技术三要素之计算资源

人工智能算法的实现需要强大的计算资源，特别是大规模使用深度学习以后，对计算能力提出了很高的要求。2015 年，随着 GPU 的广泛使用，AI 技术迎来真正的大爆发，硬件算力的提升是 AI 快速发展的基础。图 1-5 为通用计算机计算能力的演变。

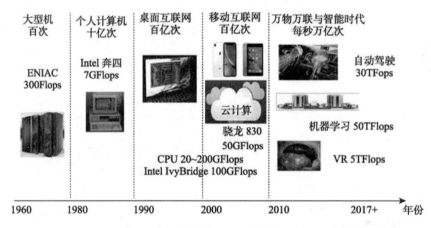

图 1-5　通用计算机计算能力的演变

计算芯片的架构逐渐向深度学习应用优化的趋势发展（如表 1-4 所示），从传统的 CPU 为主 GPU 为辅的英特尔处理器转变为 GPU 为主 CPU 为辅的架构。2017 年，NVIDIA（英伟达公司）推出了图形处理芯片 Tesla V100，谷歌公司为机器学习定制了 TPU。CPU、GPU 和 FPGA 等通用芯片是目前人工智能领域的主要芯片，同时，英特尔、谷歌、NVIDIA 等公司陆续针对神经网络算法开发了专用的 ASIC 芯片，今后可能替代现有的通用芯片成为人工智能芯片的主力。表 1-5 为现有的主要人工智能芯片。

1.2.3　AI 三要素之数据

数据是生产材料，通过算法及计算资源完成生产力的升级。大量实验表明，深度学习模型的优化效果也会随着数据量的增大而更加准确。

数据可以分为两种：①公开数据集；②自行采集或购买的行业数据。公开数据集的数据质量较高，但种类和数量较少。为了提高深度学习的泛化能力，一般会采用公开数据集+自采数据的形式。本教程整理了视觉方向的常用公开数据集。

数据处理的步骤分为：①数据清洗；②数据标注；③数据增强。本书将在第9章详细介绍数据处理的基本方法。

表1-4 计算芯片架构的发展趋势

类别	通用芯片 CPU	通用芯片 GPU	半定制化芯片 FPGA	全定制化芯片 ASIC	类脑芯片
特点	通用性：高 性能功耗比：低	通用性：高 性能功耗比：低	通用性：一般 可编程 性能功耗比：中	可定制 性能功耗比：高	理论阶段 性能功耗比高

表1-5 主要的人工智能芯片

AMD 云计算：EPYC（霄龙）处理器	ARM CPU架构：Cortex-A76 GPU架构：Mali G76
NVIDIA 新一代处理器架构VOLTA：新一代NVIDIA NVLink高速互联技术 云计算：Tesla V100GPU加速器；DGX-2全球最大GPU；GPU云平台 机器人：Jetson Xavier机器人专用AI芯片 GPU工作站：基于Volta架构的GV100 自动驾驶：Driver Xavier首个自动驾驶处理器	Google 云计算：TPU 3.0；Cloud TPU 移动端：Pixel Visual Core
	Qualcomm 移动端：骁龙855处理器 智能驾驶：C-V2X芯片组
Intel 云计算：至强可扩展处理Purley； 　　　　Intel Agilex FPGA（云端/设备端低功耗性能计算）；Xeon Phi（高性能计算） 无人驾驶：EyeQ4/EyeQ5 SoC 边缘计算：Myriad X VPU.Movidius Myriad X 视觉处理单元（VPU）	Apple 移动端：A12芯片
	Huawei 移动端：麒麟980芯片
XILINX 云计算：可重配置加速堆栈（FPGA-Accelerator Stack） 设备端：reVISION加速堆栈	NXP 跨界处理器：i.MX RT1060

1. 图像分类数据库

1）MNIST

经典的小型（28×28像素）灰度手写数字数据集。

2）CIFAR-10

10个类别，多达60000张的32×32像素彩色图像（50000张训练图像和10000张测试图像），平均每种类别拥有6000张图像。广泛用于测试新算法的性能。类别包括飞机、汽车、鸟、猫、鹿、狗、青蛙、马、船、卡车等。

3）CIFAR-100

与CIFAR-10类似，区别在于CIFAR-100拥有100种类别，每个类别包含600张图像（500张训练图像和100张测试图像），然后这100个类别又被划分为20个超类。因此，数据集里的每张图像自带一个"精细"标签（所属的类）和一个"粗略"标签（所属的超类）。

4）Caltech-UCSD Birds-200-2011

包含200种鸟类（主要为北美洲鸟类）照片的图像数据集，可用于图像识别。类别数量为200类；图片数量为11788张；平均每张图片含有的标注数量包括15个局部位置、312个二进制属性和1个边框。

5）Caltech 101

包含101种物品类别的图像数据集，平均每个类别拥有40~800张图像，其中很大一部分类别的图像数量为50张左右。每张图像的大小约为300×200像素。该数据集也可以用于目标检测定位。

6）Oxford-IIIT Pet

包含37种宠物类别的图像数据集，每个类别约有200张图像。这些图像在比例、姿势和光照方面有着丰富的变化。该数据集也可以用于目标检测定位。

7）Oxford 102 Flowers

包含102种花类的图像数据集（主要是一些英国常见的花类），每个类别包含40~258张图像。这些图像在比例、姿势和光照方面有着丰富的变化。

8）Food-101

包含101种食品类别的图像数据集，共有101000张图像，平均每个类别拥有250张测试图像和750张训练图像。训练图像未经过数据清洗。所有图像都已经重新进行了尺寸缩放，最大边长达到了512像素。

9）Stanford Cars

包含196种汽车类别的图像数据集，共有16185张图像，分别为8144张训练图像和8041张测试图像，每个类别的图像类型比例基本上都是五五开。本数据集的类别主要基于汽车的牌子、车型和年份进行划分。

2. 目标检测、定位与分割数据库

1）Camvid: Motion-based Segmentation and Recognition Dataset

700张包含像素级别语义分割的道路交通图像分割数据集。类别包括道路、树、墙、建筑物、交通灯、车、行人、天空、人行道、动物、路标等。

2）PASCAL Visual Object Classes（VOC）

用于目标检测与分割的标准图像数据集，同时提供2007年与2012年两个版本。2012年的版本拥有20个类别，分别包括人、动物、交通工具、室内设施等子类。训练数据的11530张图像中包含了27450个ROI注释对象和6929个目标分割数据。

3）COCO数据集

全称为Common Objects in Context，用于目标检测与分割。是目前为止语义分割领域最大的数据集，提供的类别有80类，超过33万张图片，其中20万张有标注，整个数据集中个体的数目超过150万个。提供的80个类别分别包括人、动物、交通工具、室内设施、食物等子类。

4）KITTI数据集

KITTI数据集是目前国际上最大的自动驾驶场景下的计算机视觉算法评测数据集。该数据集用于评测立体图像、光流、视觉测距、3D物体检测和3D跟踪等计算机视觉技术在车载环境下的性能。KITTI 包含市区、乡村和高速公路等场景采集的真实图像数据，每张图像中最多达 15 辆车和 30 个行人，还有各种程度的遮挡与截断。整个数据集由 389 对立体图像和光流图，39.2 km 视觉测距序列以及超过 20 万个 3D 标注物体的图像组成，以 10Hz 的频率采样及同步。

5）Cityscape 数据集

Cityscape 数据集是城市街道场景的语义理解图片数据集，该大型数据集包含来自 50 个不同城市的街道场景中记录的多种立体视频序列，除了 20000 个弱注释帧以外，还包含 5000 帧高质量像素级注释。因此，数据集的数量级要比以前的数据集大得多。Cityscape 数据集共有两套评测标准，前者提供 5000 张精细标注的图像，后者提供 5000 张精细标注外加 20000 张粗糙标注的图像。

1.3 视频分析技术的应用案例

计算机视觉真正诞生的时间是 1966 年，在麻省理工学院（MIT）人工智能实验室成立了计算机视觉学科，这标志着计算机视觉成为一门人工智能领域中的可研究学科，同时历史的发展也证明了计算机视觉是人工智能领域中增长速度最快的一个学科。视觉是人类获取外界信息的最主要来源，80%的信息获取来源于视觉。人工智能的宗旨是通过机器代替人来完成人类正在做的工作，通过计算机完成视频分析、理解并根据人类的经验做出决策是人工智能系统的重要组成部分。**图像分类、目标检测、图像分割和目标跟踪**是视频分析技术中的关键技术，将以上四种关键技术相互组合可以完成人工智能视觉感知的任务。本书将详细介绍基于深度学习的视频分析主要技术，并通过典型实例介绍通过组合关键技术而完成视觉感知任务的案例。下面介绍几个具体的案例，说明视频分析的应用场景。

1.3.1 基于人脸识别技术的罪犯抓捕系统

最近，人脸识别技术抓捕到罪犯的案例层出不穷，它是利用深度学习算法进行视频分析的成功应用，成为公安部抓捕罪犯最有力的工具。罪犯抓捕系统的原理如图 1-6 所示，分为人脸检测及人脸匹配两部分。本书在第 2 章详细介绍图像识别的算法原理及实践案例。

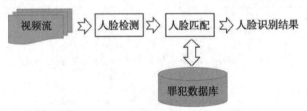

图 1-6 人脸识别系统算法原理图

1.3.2 基于文字识别技术的办公自动化系统

在银行、邮局、税务局及政务办事大厅等部门，处理纷繁复杂的手写表格耗费了大量的人力物力。利用视频分析技术将手写表格、资料进行自动识别与理解，分类整理后录入数据库,这是办公自动化的重要组成部分。本书在第 6 章详细介绍文字检测与识别算法的原理及实践案例。

1.3.3 基于图像分割及目标检测技术的无人驾驶环境感知系统

无人驾驶是人工智能技术的重要的应用场景。基于视频的环境感知系统是无人驾驶的重要组成部分,它利用视频分析技术通过车载摄像机拍摄的视频流自动感知前方的可行驶区域及障碍物信息。本书在第 7 章详细介绍无人驾驶环境感知算法原理及实践案例。

1.3.4 基于目标检测及跟踪技术的电子交警系统

随着视频监控装置的普及,利用视频分析技术自动识别车辆的违规行为是提高城市交通运行效率的关键,包括超速、违规变道、违规压线、闯红灯、违规停车等违法行为,并通过车牌识别技术直接对违规车辆进行处罚。本书在第 11 章详细介绍了目标检测及跟踪技术的实践案例。

1.3.5 基于图像比对技术的产品缺陷检测系统

工业产品的质量检测是生产线的重要环节,通过人工智能系统替代质检员,完成高速、准确的产品缺陷检测是自动化生产的必要组成部分。视频可以获取生产产品的外观特征,通过图像对比技术挑选出与正常产品有差异的产品,并进一步分析缺陷的种类。

1.3.6 基于行为识别技术的安全生产管理系统

生产安全是大型生产企业生产管理的重中之重,大多数安全事故是由于工作人员的违规行为导致的,例如工作人员进入危险区域、颠倒生产流程、没有观察到工作环境变化等。随着监控设备的普及,通过视频分析技术检测生产人员的违规行为,系统可以及时提醒并预警正是减少生产事故的主要途径。

本书将在第 2~5 章分别介绍计算机视觉的关键技术:图像分类、目标检测、图像分割和目标跟踪。如图 1-7 所示。其他章节将对计算机视觉领域深度学习算法的其他理论及应用展开介绍。

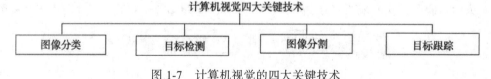

图 1-7 计算机视觉的四大关键技术

1.4 本章小结

人工智能是 21 世纪最期待的技术之一,人工智能技术的发展将带来第四次产业革命,本章介绍了人工智能的发展历史、发展趋势、应用场景等几个部分。计算机视觉是近年来人工智能技术最热门的应用之一,从第 2 章开始,本书将介绍计算机视觉的关键技术,大家将通过理论学习结合实践操作的形式,逐渐掌握计算机视觉领域的关键技术。

第 2 章

深度卷积神经网络

微课视频

当前最流行的神经网络是深度卷积神经网络（Deep Convolutional Neural Networks, DCNN），虽然卷积网络也存在浅层结构，但是因为准确度和表现力等原因很少使用。目前提到 DCNN 和卷积神经网络，学术界和工业界不再进行刻意区分，一般都指深层结构的卷积神经网络，层数从"几层"到"几十上百"不定。卷积神经网络目前在多个研究领域均取得了巨大的成功，例如：语音识别、图像识别、图像分割等。

本章学习目标

- 深度卷积神经网络的概念
- 几种典型的深度卷积神经网络框架
- 图像分类项目实战

2.1 深度卷积神经网络的概念

深度学习（Deep Learning, DL）是机器学习的一个重要分支，源于人工神经网络的研究。深度学习的模型结构是一种含多个隐藏层的神经网络。而多层神经网络目前效果比较好的是卷积神经网络，在图像处理和音频处理上效果较好。

卷积神经网络（Convolution Neural Networks, CNN）是一种在深度学习中广泛使用的强大神经网络架构。其中，卷积神经网络在计算机视觉中应用广泛，例如图像识别、目标检测、图像分割等。本章主要对卷积神经网络的几种典型的结构进行说明。传统神经网络的训练阶段主要包括**特征提取**和**特征映射**。在卷积神经网络中，特征提取是指通过卷积神经网络获得图像的特征图。特征提取阶段通常由卷积层、激活函数和池化层等构成。其中卷积和池化的组合可根据模型的不同需求出现多次，组合方式没有限制，如

"卷积层+卷积层+池化层"。最常见的深度卷积神经网络结构是"若干个卷积层+池化层"的组合。

> **小贴士**：为什么卷积神经网络在图像处理领域取得了比其他网络结构更好的效果？
>
> 答：卷积神经网络通过卷积和池化的操作自动学习图像在各个层次上的特征，这符合我们理解图像的常识。人在认知图像时是分层抽象的，首先理解的是颜色和亮度，然后是边缘、角点、直线等局部细节特征，接下来是纹理、几何形状等更复杂的信息和结构，最后形成整个物体的概念。卷积层是用卷积核①依次与图像的每个像素做乘积，得到特征图。池化处理也叫作降采样处理，是对不同位置的特征进行聚合统计。可以减少参数数量，减小图像尺寸，避免过拟合。

2.2 卷积神经网络的构成

2.2.1 卷积层

卷积是一种积分变换的数学方法，在许多方面得到了广泛应用。卷积层是 DCNN 的核心结构，由若干个卷积单元构成，目的是提取输入图像的不同特征。对于给定的输入图像，输出特征图中每个像素实际上是输入图像中局部区域中像素的加权平均，其权值由卷积核定义。

如图 2-1 所示，输入图像经过一个 3×3 卷积核矩阵输出特征图。在图 2-1 的局部连接中，右边每个神经元都对应 3×3=9 个参数，这 9 个参数是共享的。卷积核的步长是指卷积核每次移动的像素数，填充像素是卷积前在图像边缘拓展的像素，目的是获得图像边缘特征。在一个 $W \times W$ 的输入图像上，用 $F \times F$ 的卷积核进行卷积操作，卷积核的步长为 S，填充的像素数为 P，得到的特征图的边长为 $N = (W - F + 2P) / S + 1$。

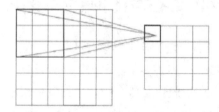

图 2-1　卷积操作

2.2.2 激活函数

神经网络中的卷积操作是属于线性操作，因为线性模型的表达能力不够，所以需要在网络中加入非线性因素。深层神经网络中通常使用非线性函数作为网络的激活函数，

---

① 可以把卷积想象成与矩阵的一个滑动窗口函数。这个窗口函数就是卷积核，又称滤波器或是特征检测器。

通过非线性的组合可以逼近任何函数。如果激活函数是线性函数，那么每一层输出都是上层输入的线性函数，无论神经网络有多少层，输出都是输入的线性组合，加深神经网络的层数就没有什么意义。线性函数的问题在于不管加深层数到多少，总是存在与之等效（无隐藏层）的神经网络。神经网络中常见的激活函数包括 Sigmoid 函数、tanh 函数和 ReLU 函数等。

1. Sigmoid 函数

Sigmoid 函数是常用的非线性激活函数，其数学形式见式（2-1）：

$$f(x) = \frac{1}{1+e^x} \qquad (2\text{-}1)$$

Sigmoid 函数在传统神经网络经常被使用，其作用是将神经元的输出信号映射到[0,1]区间。对于深层卷积神经网络，在进行反向传播时 Sigmoid 函数很容易出现梯度消失的问题。这是因为 Sigmoid 函数存在饱和区间，在饱和区间里函数的梯度接近于零，这样进行反向传播计算得出的梯度也会接近于零。结果是在参数更新的过程中，梯度传播到前几层的时候几乎变为零，导致网络的参数几乎不会再有更新。另外，Sigmoid 函数的输出值始终在 0~1 间，其输出值不是零均值，从而导致上一层输出的非零均值数据作为后一层神经元的输入，产生的结果是如果数据输入神经元是恒正的，那么计算出的梯度也是恒正的，这会产生出锯齿现象而导致网络的收敛速度变慢。虽然使用批处理（Batch）进行训练能够缓和非零均值这个问题，但这仍会给深度网络的训练造成诸多不便。

2. tanh 函数

tanh 函数是 Sigmoid 函数的变形，其数学形式见式（2-2）：

$$f(x) = \frac{e^x - e^{-x}}{e^x - e^{-x}} \qquad (2\text{-}2)$$

tanh 函数将神经元的输出信号映射到[−1, 1]区间内。tanh 函数的输出是零均值的，在实际的应用中，使用 tanh 函数作为激活函数时，反向传播的收敛速度要优于使用 Sigmoid 作为激活函数时的收敛速度，但也存在梯度消失的问题，会导致训练效率低下。

3. ReLU 函数

ReLU 函数是近几年在深度学习领域中非常流行的也是使用最多的一种神经元激活函数，其数学形式见式（2-3）：

$$f(x) = \max(x, 0) \qquad (2\text{-}3)$$

ReLU 函数在 $x>0$ 时的梯度恒等于 1，所以在进行反向传播时，前几层网络的参数也可以得到更新，缓解了梯度消失的问题。另外，Sigmoid 函数和 tanh 函数都需要较大的计算量，而 ReLU 函数能将一部分神经元的输出变为零，等同于对网络参数进行稀疏化处理，减少了网络参数之间的依存关系，缓解过拟合现象的产生。由于 ReLU 函数的线性和非饱和特性，与使用 Sigmoid 函数和 tanh 函数作为激活函数相比较，使用 ReLU 函数能明显加快卷积神经网络的收敛速度。

2.2.3 池化层

池化层也被称为采样层,是对不同位置的特征进行聚合统计,通常是取对应位置的最大值(最大池化)、平均值(平均池化)等。

最大池化就是把卷积后函数区域内元素的最大值作为函数输出结果,对输入图像提取局部最大响应,选取最显著的特征,如图 2-2 所示。平均池化就是把卷积后函数区域内元素的算数平均值作为函数输出结果,对输入图像提取局部响应的均值。

池化过程和卷积过程相似,使用不加权参数的采样卷积核,在输入图像的左上角位置按步长向右或向下滑动,对滑动窗口对应区域内的像素进行采样输出。

图 2-2 最大池化

池化的优点:①降维;②克服过度拟合;③在图像识别领域,池化还能提供平移和旋转不变性。

通过上述描述,可以将卷积神经网络想象成多个叠加在一起的滤波器,用来识别图像不同位置的特定视觉特征,这些视觉特征在最初的网络层非常简单,随着网络层次的加深变得越来越复杂。

> **小贴士:什么是神经网络的过拟合?**
>
> 答:过拟合是指为了得到一致假设而使假设变得过度严格,把训练数据学习得太彻底,以至于把误差数据的特征也学习到了。在机器学习中,神经网络的数据一般划分为训练集、验证集和测试集三个部分,用训练集去训练,然后用验证集去验证此阶段神经网络的训练情况。如果在训练集中表现的效果好,但在验证集中的表现忽然变差,之后变得越来越不好时,可能是出现了过拟合。

2.3 深度卷积神经网络模型结构

2.3.1 常用网络模型

1. LeNet-5

1998 年,纽约大学的 Yann LeCun 等对卷积神经网络改进,该网络模型被称为 LeNet-5。如图 2-3 所示,LeNet-5 卷积神经网络首先将输入图像进行了两次卷积与池化操作,然后是两次全连接层操作,最后使用 Softmax 分类器作为多分类输出。LeNet-5 卷积神经网络模型对手写数字的识别十分有效,取得了超过人眼的识别精度,被应用于识别邮政编码和支票号码。然而,LeNet-5 卷积神经网络结构简单,难以处理复杂的图像分类问题。实现图 2-3 网络结构的代码清单如下。

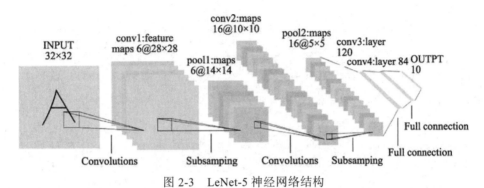

图 2-3　LeNet-5 神经网络结构

代 码 清 单

```
#导入各种用到的模块组件
from keras.preprocessing.image import ImageDataGenerator
from keras.models import Sequential
from keras.layers.core import Dense, Dropout, Activation, Flatten
from keras.layers.advanced_activations import PReLU
from keras.layers.convolutional import Convolution2D, MaxPooling2D
from keras.optimizers import SGD, Adadelta, Adagrad
from keras.utils import np_utils, generic_utils
from six.moves import range
from data import load_data
import random
import numpy as np

np.random.seed(1024)  # for reproducibility

#加载数据
data, label = load_data()
#打乱数据
index = [i for i in range(len(data))]
random.shuffle(index)
data = data[index]
label = label[index]
print(data.shape[0], ' samples')

#label 为 0~9 共 10 个类别,keras 要求格式为 binary class matrices,需要转换一下,
可以直接调用 keras 提供的这个函数
label = np_utils.to_categorical(label, 10)
################
#开始建立 CNN 模型
################
```

```python
#生成一个model
model = Sequential()

#【第一个卷积层】4个卷积核,每个卷积核大小5*5。1表示输入的图片的通道,灰度图为1通道
#激活函数用tanh
#还可以在model.add(Activation('tanh'))后加上Dropout的技巧:model.add
(Dropout(0.5))
model.add(Convolution2D(4, 5, 5, boder_mode='valid',input_shape=(1,28,28)))
model.add(Activation('tanh'))

#【第二个卷积层】8个卷积核,每个卷积核大小3*3
#4表示输入的特征图个数,等于上一层的卷积核个数
#激活函数用tanh
#采用maxpooling, pool size为(2,2)
model.add(Convolution2D(8, 3, 3, border_mode='valid'))
model.add(Activation('tanh'))model.add(MaxPooling2D(pool_size=(2, 2)))

#【第三个卷积层】16个卷积核,每个卷积核大小3*3
#激活函数用tanh
#采用maxpooling, pool size为(2,2)
model.add(Convolution2D(16, 3, 3, border_mode='valid'))
model.add(Activation('relu'))model.add(MaxPooling2D(pool_size=(2, 2)))
#【全连接层】先将前一层输出的二维特征图flatten为一维的
#Dense就是隐藏层。16就是上一层输出的特征图个数
#4是根据每个卷积层计算出来的:(28-5+1)得到24,(24-3+1)/2得到11,(11-3+1)/2得
#到4
#全连接有128个神经元节点,初始化方式为normal
model.add(Flatten())
model.add(Dense(128, init='normal'))
model.add(Activation('tanh'))

#【Softmax分类】输出是10类别
model.add(Dense(10, init='normal'))
model.add(Activation('softmax'))

#############
#开始训练模型
#############
#使用SGD + momentum
#model.compile里的参数loss就是损失函数(目标函数)
sgd = SGD(lr=0.05, decay=1e-6, momentum=0.9, nesterov=True)
model.compile(loss='categorical_crossentropy', optimizer=sgd, metrics=
["accuracy"])

#调用fit方法,就是一个训练过程,训练的epoch数设为10
#数据经过随机打乱shuffle=True。verbose=1,训练过程中输出的信息,0、1、2三种方式
#都可以,无关紧要。show_accuracy=True,训练时每一个epoch都输出accuracy
#validation_split=0.2,将20%的数据作为验证集
```

```
model.fit(data, label, batch_size=64, nb_epoch=10,shuffle=True,verbose=
1,validation_split=0.2)
```

2. AlexNet

随着高效的并行计算处理器（GPU）的兴起，人们建立了更高效的卷积神经网络。2012 年，Hinton 和他的学生 Alex Krizhevsky 设计了深度卷积神经网络 AlexNet，AlexNet 在 ILSVRC 比赛中获得冠军,将之前最好的分类错误率25%降低为15%。如图 2-4 所示，AlexNet 是一个 8 层的神经网络模型，包括 5 个卷积层及相应的池化层，3 个全连接层。

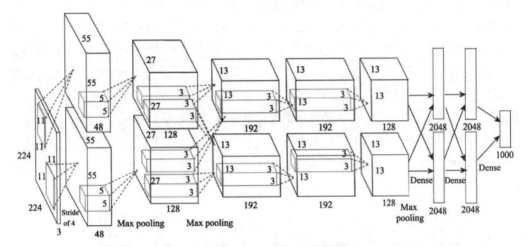

图 2-4　AlexNet 神经网络结构

3. ZF-Net

在 2013 年进行的 ImageNet ILSVRC 比赛里，成绩排名前 20 的小组都使用深度学习算法,其中 Matt Zeiler 和 Rob Fergus 设计的深度卷积神经网络模型 ZF-Net 获得了比赛的冠军，在不使用额外的训练数据情况下，Top-5 分类错误率达到了 11.7%。ZF-Net 的网络结构如图 2-5 所示，其所使用的卷积神经网络结构是基于 AlexNet 进行了调整，主要的改进是把第一个卷积层的卷积核滤波器的尺寸从 11×11 更改为 7×7 大小，并且步长从 4 减小到 2，这个改进使得输出特征图的尺寸增加到 110×110，相当于增加了网络的宽度，可以保留更多的原始像素信息。

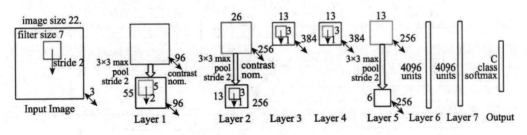

图 2-5　ZF-Net 神经网络结构

4. VGG-Net

在 2014 年进行的 ImageNet ILSVRC 比赛里,来自英国牛津大学的 Karen Simonyan 和 Andrew Zisserman 设计的深度卷积神经网络模型(Visual Geometry Group,VGG)取得了目标定位任务中的第一名与分类任务的第二名。VGG 网络设计的原理是利用增加网络模型的深度来提高网络的性能。VGG 网络的组成可以分为 8 部分,包括 5 个卷积池化组合、2 个全连接特征层和 1 个全连接分类层。每个卷积池化组合是由 1~4 个的卷积层进行串联所组成的,所有卷积层的卷积核的尺寸大小是 3×3。在这当中,利用多个卷积核滤波器大小为 3×3 的卷积层进行串联可以看作是使用一个大尺寸卷积核滤波器的卷积层的分解,例如使用两个卷积核滤波器大小为 3×3 的卷积层的实际有效卷积核大小是 5×5,三个卷积核滤波器大小为 3×3 的卷积层的实际有效卷积核大小是 7×7。这样做的优点是,使用多个小尺寸卷积核的卷积层可以比使用一个大尺寸卷积核的卷积层具有更少的参数,且能在不影响感受野大小的情况下增加网络的非线性,这样使得网络的判别性更强。如图 2-6 所示,VGG 网络根据每个卷积组内卷积层的层数不同,一共有 A~E 五种配置方案(按照列展示)。在图 2-6 中,配置的深度从左(A)到右(E)逐渐增加,增加层的部分用**粗线**标出。根据实际测试的结果显示,随着网络层数的不断加深,VGG 网络

ConvNet Configuration					
A	A-LRN	B	C	D	E
11 weight layers	11 weight layers	13 weight layers	16 weight layers	16 weight layers	19 weight layers
input (224×224 RGB image)					
conv3-64	conv3-64 **LRN**	conv3-64 **conv3-64**	conv3-64 conv3-64	conv3-64 conv3-64	conv3-64 conv3-64
maxpool					
conv3-128	conv3-128	conv3-128 **conv3-128**	conv3-128 conv3-128	conv3-128 conv3-128	conv3-128 conv3-128
maxpool					
conv3-256 conv3-256	conv3-256 conv3-256	conv3-256 conv3-256	conv3-256 conv3-256 **conv1-256**	conv3-256 conv3-256 **conv3-256**	conv3-256 conv3-256 conv3-256 **conv3-256**
maxpool					
conv3-512 conv3-512	conv3-512 conv3-512	conv3-512 conv3-512	conv3-512 conv3-512 **conv1-512**	conv3-512 conv3-512 **conv3-512**	conv3-512 conv3-512 conv3-512 **conv3-512**
maxpool					
conv3-512 conv3-512	conv3-512 conv3-512	conv3-512 conv3-512	conv3-512 conv3-512 **conv1-512**	conv3-512 conv3-512 **conv3-512**	conv3-512 conv3-512 conv3-512 **conv3-512**
maxpool					
FC-4096					
FC-4096					
FC-1000					
soft-max					

图 2-6　VGG 神经网络结构

的准确率在 16 层时达到性能瓶颈，之后趋于饱和。

5. GoogLeNet

来自 Google 公司的 Christian Szegedy 等人设计的 GoogLeNet 网络模型使用的基本结构是利用 Inception 模块进行级联，在实现了扩大卷积神经网络的层数时，网络参数却得到了降低，这样可以对计算资源进行充分使用，使得算法的计算效率大大提高。在 2014 年举行的 ImageNet ILSVRC 比赛中，GoogLeNet 网络模型取得了图像分类任务的第一名。GoogLeNet 由多个 Inception 基本模块级联所构成，具有更深层的网络结构，其深度超过 30 层。Inception 模块的基本结构如图 2-7 所示，其主要思想是使用 3 个不同尺寸的卷积核对前一个输入层提取不同尺度的特征信息，然后将这些特征信息进行融合操作后作为下一层的输入。Inception 模块使用的卷积核尺寸为 1×1、3×3 以及 5×5，其中 1×1 大小的卷积核较前一层有较低的维度，其作用是对数据进行降维，在传递给后面的卷积核尺寸为 3×3 和 5×5 的卷积层时降低了卷积计算量，避免了由于增加网络规模所带来的巨大计算量。通过对 4 个通道的特征融合，下一层可以从不同尺度上提取到更有用的特征。

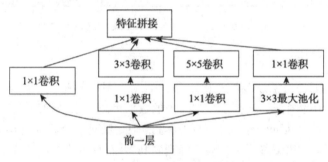

图 2-7　Inception 模块结构

6. ResNet

微软亚洲研究院何恺明等人设计的残差网络（Residual Networks，ResNet）在 2015 年举行的 ImageNet ILSVRC 比赛里取得了图像检测、图像定位以及图像分类三个主要项目的第一名，又在同一年的微软 COCO 比赛中取得了检测和分割的第一名。在 ImageNet 比赛中，残差网络的深度达到了 152 层，该深度是 VGG 网络模型深度的 8 倍，但是残差网络的参数量却要比 VGG 网络更少。通常进行训练的网络层数很深时，如果仅仅只是不断叠加标准前馈卷积网络的层数，随着网络深度的增加，深度网络模型训练和测试结果的错误率反而会增加。ResNet 的主要思想就是在标准的前馈卷积网络中，加上一个绕过一些层的跳跃连接。每绕过一层就会产生出一个残差块（Residual Block），卷积层预测添加输入张量的残差，如图 2-8 所示，网络要优化的是残差函数 $F(x)$。ResNet 将网络

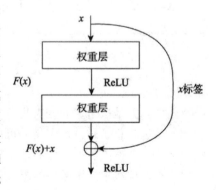

图 2-8　残差结构

层数提高到了152层,虽然大幅增加了网络的层数,却将训练更深层神经网络的难度降低了,同时也显著提升了准确率。ResNet网络一般采用的层数有18、34、50、101、152,可以根据项目实际的精度及速度要求来选择合适的ResNet模型。不同层数的ResNet架构如图2-9所示。

layer name	output size	18-layer	34-layer	50-layer	101-layer	152-layer
conv1	112×112	7×7, 64, stride 2				
conv2_x	56×56	3×3 max pool, stride 2				
		$\begin{bmatrix}3\times3,64\\3\times3,64\end{bmatrix}\times2$	$\begin{bmatrix}3\times3,64\\3\times3,64\end{bmatrix}\times3$	$\begin{bmatrix}1\times1,64\\3\times3,64\\1\times1,256\end{bmatrix}\times3$	$\begin{bmatrix}1\times1,64\\3\times3,64\\1\times1,256\end{bmatrix}\times3$	$\begin{bmatrix}1\times1,64\\3\times3,64\\1\times1,256\end{bmatrix}\times3$
conv3_x	28×28	$\begin{bmatrix}3\times3,128\\3\times3,128\end{bmatrix}\times2$	$\begin{bmatrix}3\times3,128\\3\times3,128\end{bmatrix}\times4$	$\begin{bmatrix}1\times1,128\\3\times3,128\\1\times1,512\end{bmatrix}\times4$	$\begin{bmatrix}1\times1,128\\3\times3,128\\1\times1,512\end{bmatrix}\times4$	$\begin{bmatrix}1\times1,128\\3\times3,128\\1\times1,512\end{bmatrix}\times8$
conv4_x	14×14	$\begin{bmatrix}3\times3,256\\3\times3,256\end{bmatrix}\times2$	$\begin{bmatrix}3\times3,256\\3\times3,256\end{bmatrix}\times6$	$\begin{bmatrix}1\times1,256\\3\times3,256\\1\times1,1024\end{bmatrix}\times6$	$\begin{bmatrix}1\times1,256\\3\times3,256\\1\times1,1024\end{bmatrix}\times23$	$\begin{bmatrix}1\times1,256\\3\times3,256\\1\times1,1024\end{bmatrix}\times36$
conv5_x	7×7	$\begin{bmatrix}3\times3,512\\3\times3,512\end{bmatrix}\times2$	$\begin{bmatrix}3\times3,512\\3\times3,512\end{bmatrix}\times3$	$\begin{bmatrix}1\times1,512\\3\times3,512\\1\times1,2048\end{bmatrix}\times3$	$\begin{bmatrix}1\times1,512\\3\times3,512\\1\times1,2048\end{bmatrix}\times3$	$\begin{bmatrix}1\times1,512\\3\times3,512\\1\times1,2048\end{bmatrix}\times3$
	1×1	average pool, 1000-d fc, softmax				
FLOPs		1.8×10^9	3.6×10^9	3.8×10^9	7.6×10^9	11.3×10^9

图2-9 不同层数的ResNet架构

2.3.2 网络模型对比

表2-1列出了常用深度卷积神经网络的名称、网络的深度、网络的参数量及其在ImageNet数据集中的图像分类精度。从表中的数据可以看出,增加网络层数的确能够提升图像分类的精度,从AlexNet的8层到VGG的19层,网络参数量从6×10^7增加到1.44×10^8,图像分类Top-5错误率由15.3%下降到7.1%。而采用残差结构的ResNet在图像分类任务上的Top-5错误率降低到了4.5%。

表2-1 常用网络模型对比

模型	深度	参数量	Top-5错误率
AlexNet	8层	6×10^7	15.3%
ZF-Net	8层	6×10^7	16.0%
VGG	19层	1.44×10^8	7.1%
GoogLeNet	31层	8×10^6	6.6%
ResNet	152层	2.2×10^7	4.5%

2.4 图像分类

图像分类是从给定的分类集合中给图像分配一个标签,实现输入图像并返回一个分类标签。标签总是来自预定义的可能类别集。图像分类是将上述的卷积神经网络的最后一层由一个全连接层和softmax函数构成,从而达到图像分类的目的。

全连接层通常位于网络的末端,它可以将前面层中提取的局部特征进行综合和整合,全连接层中的每一个神经元都与前一层中的所有神经元相连。Softmax函数是一种在多分类问题中常用的激活函数,尤其在图像分类网络的最后一层,将网络的输出转化为概率分布，它的核心作用是将一个 K 维向量转换为一个真实的概率分布。

2.5 迁移学习

在大多数情况下，面对某一领域的某一特定问题，很难找到足够充分的训练数据，这是业内一个普遍存在的事实。利用迁移学习的技术，从其他数据源训练得到的模型，经过一定的修改和完善，就可以在类似的领域得到复用，大大缓解了数据源不足引起的问题。

深度学习领域中有超过 50%的高质量论文以某种方式使用了迁移学习或者预训练（Pretraining）技术。迁移学习已经逐渐成为了资源不足（数据或者运算力的不足）的 AI 项目的首选技术。迁移学习的基本思路是利用预训练模型，即已经通过现成的数据集训练好的模型（这里预训练的数据集可以对应完全不同的待解问题，例如具有相同的输入，不同的输出）。开发者需要在预训练模型中找到能够输出可复用特征的层次（Layer），然后利用该层次的输出作为输入特征来训练那些需要参数较少的规模更小的神经网络。由于预训练模型此前已经习得了数据的组织模式，因此这个较小规模的网络只需要学习数据中针对特定问题的特定联系就可以了。

代 码 清 单

```
#加载预训练模型
Model.load_weights("model.h5")
#在训练过程中只调整一部分网络层，可以加入以下语句
for layer in model.layers[:10]:
        Layer.trainable = False #冻结前面的10层
for layer in model.layers[10:]:#调整10层后面的层数
        Layer.trainable = True
```

小贴士：怎么解决过拟合问题？

答：过拟合问题的解决方案主要包括以下几点。

1. L1 和 L2 正则化

L1 正则化可通过假设权重 w 的先验分布为拉普拉斯分布（Laplace distribution），由最大后验概率估计导出。L2 正则化可通过假设权重 w 的先验分布为高斯分布（Gaussian distribution），由最大后验概率估计导出。L1 正则化更容易获得稀疏解，还可以挑选重要特征。L2 正则有均匀化权重的作用。

2. 数据增强

这是最直观也是最有效的方式之一，有了足够的数据支持，DCNN 就会降低发生过拟合的概率。通俗地讲，数据增强即需要得到更多的符合要求的数据，即和已有的数据是独立同分布的，或者近似独立同分布的。一般有以下方法：

（1）从数据源头采集更多数据；

（2）复制原有数据并对其进行添加随机噪声等图像变换处理；

（3）数据合成；

（4）根据当前数据集估计数据分布参数，使用该分布产生更多数据等。

3. Early stopping

Early stopping（早停）是一种通过迭代次数截断来防止过拟合的方法，即在模型对训练数据集迭代收敛之前停止迭代来防止过拟合。因为在初始化网络的时候一般都使用初始值较小的权值，训练时间越长，部分网络权值可能越大。如果我们在合适时间停止训练，就可以将网络的能力限制在一定范围。

4. Dropout

Dropout（随机失活）是指在深度学习网络的训练过程中，对于神经网络单元，按照一定的概率将其暂时从网络中丢弃。

5. Batch Normalization

Batch Normalization（批标准化）是一种非常有用的正则化方法，可以让大型的卷积网络训练速度提高很多倍，同时收敛后分类的准确率也可以有大幅度的提升。

> **小贴士**：训练的小技巧有哪些？
>
> 答：要时刻注意损失值的变化。在迭代的过程中，损失应该逐渐减少，如果损失长时间不减少，则表示训练已经停止了。解决方案有以下两种：①尝试不同的优化器；②如果训练样本的类别失衡，可以通过加权损失函数来处理。

2.6 图像识别项目实例

项目简介：用 ImageNet 库的训练模型，可以实现 2.2 万类的图像分类，下面的例子实现对如图 2-10 所示的图像进行分类。

图 2-10　图像识别数据集实例

代 码 清 单

2.6.1 下载 ImageNet 的训练模型

```
WEIGHTS_PATH =
'https://github.com/fchollet/deep-learning-models/releases/download/v0
.2/resnet50_weights_tf_dim_ordering_tf_kernels.h5'
```

2.6.2 ResNet 模型构建

1）导入第三方库

```python
import numpy as np
from keras import layers
from keras.layers import Input, Add, Dense, Activation, ZeroPadding2D,
 BatchNormaliztion, Flatten, Conv2D, AveragePooling2D, MaxPooling2D,
 GlobalMaxPooling2D
from keras.models import Model, load_model
from keras.preprocessing import image
from keras.utils import layer_utils
from keras.utils.data_utils import get_file
from keras.applications.imagenet_utils import preprocess_input
import pydot
from IPython.display import SVG
from keras.utils.vis_utils import model_to_dot
from keras.utils import plot_model
from resnets_utils import *
from keras.initializers import glorot_uniform
import scipy.misc
import matplotlib.pyplot as plt
from matplotlib.pyplot import imshow
import keras.backend as K
K.set_image_data_format('channels_last')
K.set_learning_phase(1)
```

2）定义恒定残差模块

```python
def identity_block(X, k_stride, k_size, stage, block):    #定义标识模块
    '''
    描述:实现偏差单元
    参数:   X - 输入数据
            k_stride - 卷积核步长
            k_size - 卷积核尺寸
            stage - 网络位置
            block - 图层名称
    返回值:X的激活结果
    '''
    #定义偏差
    conv_name_base = 'res' + str(stage) + block + 'branch'
    bn_name_base = 'bn' + str(stage) + block + 'branch'
    #retrive the filters
    F1, F2, F3 = k_size
    #复制输入数据以供最终添加使用
    X_shortcut = X

    #1 主要路径 卷积->池化->激活
    X = Conv2D(filters = F1,  kernel_size = (1, 1), strides = (1, 1),
```

```python
    padding = 'valid', name = conv_name_base + '2a', kernel_initializer = glorot_uniform(seed = 0))(X)    #卷积层F1,尺寸1×1,步长(1,1),补零方法为'VALID'
    X = BatchNormalization(axis = 3, name = bn_name_base + '2a')(X)    #批标准化
    X = Activation('relu')(X)    #激活函数为relu
    #2 主要路径 卷积->池化->激活
    X = Conv2D(filters = F2, kernel_size = (k_stride, k_stride), strides = (1, 1), padding = 'same', name = conv_name_base + '2b', kernel_initializer = glorot_uniform(seed = 0))(X)
    X = BatchNormalization(axis = 3, name = bn_name_base + '2b')(X)
    X = Activation('relu')(X)
    #3 主要路径 卷积->池化
    X = Conv2D(filters = F3, kernel_size = (1, 1), strides = (1, 1), padding = 'valid', name = conv_name_base + '2c', kernel_initializer = glorot_uniform(seed = 0))(X)
    X = BatchNormalization(axis = 3, name = bn_name_base + '2c')(X)
    #快捷路径
    X = Add()([X, X_shortcut])
    X = Activation('relu')(X)
    return X
```

3)定义卷积模块

```python
def convolutional_block(X, k_stride, k_size, stage, block, stride = 2):    #定义卷积层
    '''
    描述:实现卷积操作
    参数: X - 输入数据
          k_stride - 卷积核步长
          k_size - 卷积核尺寸
          stage - 图层名
          block - 模块名
          stride - 与卷积核不同的步长
    返回值:  X -- X的卷积结果
    '''
    #定义偏差
    conv_name_base = 'res' + str(stage) + block + '_branch'
    bn_name_base = 'bn' + str(stage) + block + '_branch'
    #retrive filters
    F1, F2, F3 = k_size
    #复制输入X
    X_shortcut = X
    #1 主要路径
    X = Conv2D(F1, (1, 1), strides = (stride, stride), name = conv_name_base + '2a', padding = 'valid',
```

```python
        kernel_initializer=glorot_uniform(seed = 0))(X)
    X = BatchNormalization(axis = 3, name = bn_name_base + '2a')(X)
    X = Activation('relu')(X)

    #2 主要路径
    X = Conv2D(F2, (k_stride, k_stride), strides = (1, 1), name = conv
_name_base + '2b', padding = 'same',kernel_initializer =glorot_uniform
(seed = 0))(X)
    X = BatchNormalization(axis = 3, name = bn_name_base + '2b')(X)
    X = Activation('relu')(X)

    #3 主要路径
    X = Conv2D(F3, (1, 1), strides = (1, 1), name = conv_name_base +'2
c', padding = 'valid', kernel_initializer = glorot_uniform(seed = 0))(X)
    X = BatchNormalization(axis = 3, name = bn_name_base + '2c')(X)

    #快捷路径
    X_shortcut = Conv2D(F3, (1, 1), strides = (stride, stride),
                        name = conv_name_base + '1',padding =
'valid', kernel_initializer = glorot_uniform(seed = 0))(X_shortcut)
    X_shortcut = BatchNormalization(axis = 3, name = bn_name_base +
'1')(X_shortcut)

    #最后的主要路径
    X = Add()([X, X_shortcut])
    X = Activation('relu')(X)
    return X
```

4）ResNet50 模型构建

```python
def resNet50(input_shape = (64, 64 ,3), classes = 6):   #搭建restnet50 网
络模型
    '''
    描述 :建立 resNet50 网络
    参数 ：  input_shape  -- 输入数据
            classes - 类的数目
    返回值 :模型-keras 模型
    '''
    #将输入定义为具有形状的张量
    X_input = Input(input_shape)
    #补零
    X = ZeroPadding2D((3, 3))(X_input)    #补 3 圈 0
    #Block 1
    X = Conv2D(64, (7, 7), strides = (2, 2), name = 'conv1', kernel_
initializer = glorot_uniform(seed = 0))(X)
    X = BatchNormalization(axis = 3, name = 'bn_conv1')(X)
    X = Activation('relu')(X)
    X = MaxPooling2D((3, 3), strides = (2, 2))(X) #池化窗口 3×3, 步长 2×2
    # Block 2
```

```
    X = convolutional_block(X, k_stride = 3, k_size = [64, 64, 256],
stage = 2, block = 'a', stride = 1)
    X = identity_block(X, 3, [64, 64, 256], stage = 2, block = 'b')
    X = identity_block(X, 3, [64, 64, 256], stage = 2, block = 'c')
    # Block 3
    X = convolutional_block(X, k_stride = 3, k_size = [128, 128, 512],
 stage = 3, block = 'a', stride = 2)    #卷积模块a步长3, 尺寸128×128×512
    X = identity_block(X, 3, [128, 128, 512], stage = 3, block = 'b')
    X = identity_block(X, 3, [128, 128, 512], stage = 3, block = 'c')
    X = identity_block(X, 3, [128, 128, 512], stage = 3, block = 'd')
    # Block 4
    X = convolutional_block(X, k_stride = 3, k_size = [256, 256, 1024],
stage = 4, block = 'a', stride = 2)
    X = identity_block(X, 3, [256, 256, 1024], stage = 4, block = 'b')
    X = identity_block(X, 3, [256, 256, 1024], stage = 4, block = 'c')
    X = identity_block(X, 3, [256, 256, 1024], stage = 4, block = 'd')
    X = identity_block(X, 3, [256, 256, 1024], stage = 4, block = 'e')
    X = identity_block(X, 3, [256, 256, 1024], stage = 4, block = 'f')
    # Block 5
    X = convolutional_block(X, k_stride = 3, k_size = [512, 512, 2048],
stage = 5, block = 'a', stride = 2)
    X = identity_block(X, 3, [512, 512, 2048], stage = 5, block = 'b')
    X = identity_block(X, 3, [512, 512, 2048], stage = 5, block = 'c')
    #平均池化
    X = AveragePooling2D((2, 2), name = 'avg_pool')(X)   #平均池化
    #输出标签
    X = Flatten()(X)
    X = Dense(classes, activation = 'softmax', name = 'full_connection'+
str(classes), kernel_initializer = glorot_uniform(seed = 0))(X) #全连接层
    #创建模型
    model = Model(inputs = X_input, outputs = X, name = 'resNet50')
    return model
```

2.6.3 测试图像

```
img_path = 'images\\myfigure.jpg'
img = image.load_img(img_path, target_size = (64,64))
x = image.img_to_array(img)
x = np.expand_dims(x, axis = 0)
x = preprocess_input(x)
print('Input image shape:', x.shape)
my_image = scipy.misc.imread(img_path)
 model.predict(x)##测试数据
from keras.applications.resnet50
import ResNet50 from keras.preprocessing
import image from keras.applications.resnet50
import preprocess_input, decode_predictions
import numpy as np
 model = ResNet50(weights='imagenet')
```

```
img_path = 'elephant.jpg'
img = image.load_img(img_path, target_size=(224, 224))
x = image.img_to_array(img)
x = np.expand_dims(x, axis=0)
x = preprocess_input(x)
preds = model.predict(x)   # 测试数据
print('Predicted:', decode_predictions(preds, top=3)[0])
```

2.7 本章小结

本章对深度卷积神经网络基础理论进行详细阐述，简单描述 DCNN 的起源以及发展，分析卷积神经网络的网络架构以及相关运算，包括卷积运算、激活函数和池化处理，对常用的卷积神经网络模型进行详细的介绍和分析。并通过项目实战进一步介绍了图像分类任务的实现方法。

2.8 习 题

1. 常用的池化操作有哪些？各有什么特点？
2. 思考 Dropout 为何能防止过拟合？
3. 试计算 ResNet-50 的总参数量。
4. 给定卷积核的尺寸，如何计算特征图大小？
5. 当学习率太高或太低时会怎么样？
6. 激活函数有哪些？各有什么用途？
7. 详解深度学习中的梯度消失原因及其解决方法。

第 3 章

目标检测

微课视频

目标检测是计算机视觉中一个热门方向，其目的是在图像中检测和定位图中存在的物体，并标识它们所属的类别。目标检测广泛应用于机器人导航、工业检测、航空航天等诸多领域，也是智能监控系统的核心部分，同时目标检测也是泛身份识别领域的一个基础性的算法，对后续的人脸识别、步态识别、人群计数、实例分割等任务起着至关重要的作用。

本章学习目标

- 目标检测的概念
- 典型的深度学习目标检测算法
- 目标检测算法的评价指标
- 项目实战

3.1 目标检测的概念

目标检测的任务是找出图像中所有感兴趣的目标，并确定它们的**位置**和**类别**（如图 3-1 所示）。由于各类物体有不同的形状、姿态，加上成像时受光照、遮挡等因素的干扰，目标检测一直是计算机视觉领域最严峻的挑战之一。

目标检测与识别在生活中多个领域有着广泛的应用，如图 3-1 所示，它可以将图像或者视频中感兴趣的物体与不感兴趣的部分区分开；判断是否存在目标；确定目标的位置；进一步识别确定的目标等。

2014 年，Girshick 等创新性地提出了 R-CNN（Regions with CNNs Features）算法，开启了深度学习在目标检测方面应用的新纪元。R-CNN 算法分为挑选候选窗口及进一步甄别候选窗口两部分。2015 年，Girshick 在 R-CNN 的基础上提出了 Fast R-CNN 算法，

图 3-1　目标检测的实例

Fast R-CNN 的处理时间比 R-CNN 提高了 25 倍，但由于挑选候选框算法是在 CPU 下运算的，其处理速度仍然无法满足实时的要求。随后发表的 Faster R-CNN 算法提出了通过 RPN 网络替代 R-CNN 与 Fast R-CNN 算法中的挑选候选窗口部分，使得目标检测算法中的所有计算过程都在 GPU 内进行，计算的速度和精度都有了大幅度的提升。Faster R-CNN 的处理速度比 R-CNN 提高了 250 倍，达到了 5 帧/秒。2016 年，Joseph Redmon 等在 Faster R-CNN 的基础上提出了 YOLO（You Only Look Once）算法，将 Faster R-CNN 中挑选候选窗口和甄别候选窗口合二为一进行处理，处理速度达到 45 帧/秒。同年，为了解决 YOLO 算法难以检测小目标的问题，SSD 算法做了两个关键性的改进：①合并深度学习网络的不同层级；②引入与 Faster R-CNN 相似的变形框概念。2017 年，Joseph Redmon 等在前期的基础上做了重大改进，提出了 YOLO v2 版本，YOLO v2 算法在应用变形框的同时，在网络结构、输入图像尺寸等方面也做了较大的调整。2018 年，又提出了 YOLO v3 算法，YOLO v3 在 YOLO v2 的基础上兼顾了速度和检测精度，检测速度可以达到 58 帧/秒，在检测精度方面，mAP 可以达到 73。2020 年，YOLO v4 面世，在 YOLO v3 的基础上，在检测精度及速度方面有了进一步地提升，可以说，YOLO 系列算法已经成为工业界目标检测应用最广泛的算法之一。

目前目标检测算法主要包括**基于候选区域**的卷积神经网络算法及**基于回归方法**的卷积神经网络算法。以下将分别介绍这两种算法。

3.2　基于候选区域的目标检测算法

基于候选区域的深度卷积神经网络（Region-based Convolutional Neural Networks）是一种将深度卷积神经网络和区域推荐相结合的物体检测方法，也可以叫作**两阶段目标检测算法**。第一阶段完成**区域框的推荐**，第二阶段是对区域框进行**目标识别**。区域框推荐算法提供了很好的区域选择方案，使用图像中的颜色、纹理、边缘等图像特征信息作为目标区域推荐的依据，预先在图像中找出可能会出现目标的位置。这种有针对性的选取目标区域，可保证在选取较少区域框的情况下仍然保持很高的召回率，从而降低了时间复杂度。在推荐候选区域框之后对该候选区域框内的图像进行提取特征，最后进行图像的分类工作。下面选取 Faster R-CNN 和 R-FCN 这两种主要的算法进行说明。

3.2.1 Faster R-CNN 目标检测算法

Faster R-CNN 方法的核心思想在于引入了候选区域推荐网络（Region Proposal Network，RPN）来生成精确的候选区域框，RPN 网络示意图如图 3-2 所示。以下是 Faster R-CNN 的主要组成部分：

1）特征提取网络

Faster R-CNN 使用卷积神经网络（通常是一个预训练的深度卷积神经网络网络如 VGG16 或 ResNet）来从输入图像中提取特征。这些特征用于后续的目标分类和边界框回归任务。

2）RPN

RPN 是 Faster R-CNN 的核心组件，负责生成图像中可能包含目标的候选区域。RPN 通过在输入特征图上滑动不同尺寸和宽高比的锚框（Anchor Boxes）来提出候选区域。这些锚框是预定义的，覆盖了不同尺度和纵横比的可能目标形状。

3）ROI Pooling Layer

在 RPN 生成的候选区域上，使用 ROI Pooling 层对特征图进行裁剪和规范化，以使所有候选区域的特征都具有相同的大小。

4）目标分类及边界框回归

候选区域通过两个独立的全连接层进行目标分类和边界框回归。目标分类使用 softmax 函数，边界框回归则调整候选区域的位置以更好地拟合真实目标。

5）损失函数

Faster R-CNN 的损失函数由两部分组成：RPN 部分和目标检测部分。每部分包括分类损失和边界框回归损失。整体损失是两者之和，并由超参数来平衡。

$$L = L_{\text{RPN\_cls}} + \gamma_1 L_{\text{RPN\_reg}} + L_{\text{FastRCNN\_cls}} + \gamma_2 L_{\text{FasterRCNN\_reg}} \quad (3-1)$$

其中，$L_{\text{RPN\_cls}}$ 和 $L_{\text{RPN\_reg}}$ 为 RPN 部分的分类和回归损失；$L_{\text{FastRCNN\_cls}}$ 和 $L_{\text{FasterRCNN\_reg}}$ 是目标检测部分的分类和回归损失；而 γ_1 和 γ_2 是用于平衡两个部分损失的超参数。

3.2.2 基于区域的全卷积网络（R-FCN）目标检测算法

在基于深度卷积神经网络的图像分类及目标检测两项任务中，分类是要增加目标的平移不变性，而检测则要求对目标的平移做出准确响应，即减少目标的平移变化，因为目标检测不仅要对目标进行分类，而且要确定目标具体位置。但是常用的网络模型比如 AlexNet、VGG 和 ResNet 等都是基于 ImageNet 的分类任务所训练的，所以会偏向于平移不变性，这与目标检测任务存在矛盾。Faster R-CNN 算法在网络的卷积层之间插入 ROI

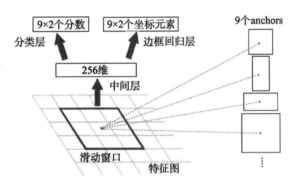

图 3-2 RPN 网络结构

池化层，这种方法在 ROI 池化层之前都是卷积，是具备平移不变性的，但一旦插入 ROI 池化层之后，后面的网络结构就不再具备平移不变性了。R-FCN 方法的整体结构全部由卷积神经网络组成，为了给全卷积神经网络引入平移变化，用专门的卷积层构建了位置敏感分数地图（Position-Sensitive Score Maps）。每一个空间敏感地图对感兴趣区域的相对空间位置的信息进行了编码，并插入感兴趣区域池化层来接收整合信息，用于监管这些分数地图，从而给卷积神经网络加入了平移变化。

R-FCN 网络结构示意图如图 3-3 所示，采用了类似于 R-CNN 的物体检测策略，包括区域推荐和区域分类两部分。使用 Faster R-CNN 中的区域推荐网络进行候选区域的提取，该区域推荐网络为全卷积网络。R-FCN 在与区域推荐网络共享的卷积层后面多增加了 1 个卷积层，最后 1 个卷积层的输出从整幅图像的卷积响应图像中分割出感兴趣区域的卷积响应图像。R-FCN 最后 1 个卷积层在整幅图像上为每类生成 k^2 个位置敏感分数图，有 C 类物体外加 1 个背景，因此有 $k^2(C+1)$ 个通道的输出层。

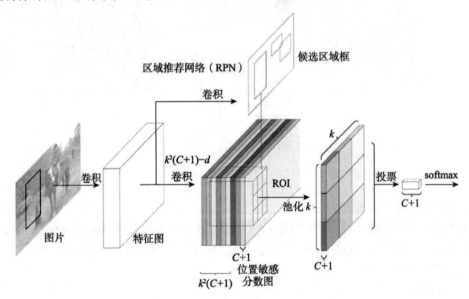

图 3-3 R-FCN 网络结构示意图

3.3 基于回归的目标检测算法

目前在深度卷积神经网络的物体检测方面，Faster R-CNN 是应用比较广泛的检测方法之一，但是由于网络结构参数的计算量大，导致其检测速度慢，从而不能达到某些应用领域实时检测的要求。尤其对于嵌入式系统，所需计算时间太长。同样，许多方法都是以牺牲检测精度为代价来换取检测速度。为了解决精度与速度的问题，YOLO 与 SSD 方法应运而生，此类方法使用基于回归方法的思想，直接在输入图像的多个位置中回归出这个位置的区域框坐标和物体类别。

3.3.1 YOLO 目标检测算法

YOLO 是端到端的物体检测网络，与 Faster R-CNN 的区别在于 YOLO 可以一次性预测多个候选框，并直接在输出层回归物体位置区域和区域内物体所属类别。而 Faster R-CNN 仍然是采用 R-CNN 那种将物体位置区域框与物体识别分开训练的思想，只是利用 RPN 网络，将提取候选框的步骤放在深度卷积神经网络内部实现。YOLO 最大的优势就是速度快，可满足端到端训练和实时检测的要求。

如图 3-4 所示，YOLO 方法的物体检测过程如下。

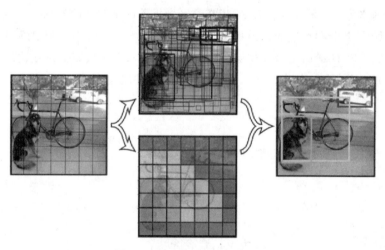

图 3-4　YOLO 目标检测过程

1）图像分块及锚框

将输入图像分割为固定大小的网格。YOLO 采用 $S \times S$ 的网格，每个格子负责检测图像中的物体。预定义一组锚框，这些锚框覆盖了不同尺寸和纵横比的目标。每个格子负责预测与锚框相关的目标。

2）特征提取网络

采用深度卷积神经网络（如 DarkNet）提取图像的特征。YOLO 的网络通常包含多个卷积层和池化层。

3）损失函数

YOLO 的输出层是一个 $S \times S \times (B \times 5 + C)$ 的张量，其中 B 是每个网格预测的目标框数，5 表示每个目标框的 5 个预测值（目标的边界框位置以及目标的置信度分数），C 是类别的数量。

损失函数由三个主要部分组成：目标类别损失、目标边界框位置损失和目标置信度损失。这些损失函数通过权重相加，形成最终的综合损失。

4）非极大值抑制

对所有目标框进行非极大值抑制（NMS），以删除高度重叠的检测结果，保留最有可能的检测结果。

通过对 YOLO 和 Faster R-CNN 的误差比较分析，可以看到 YOLO 造成了大量的定位误差。此外，与基于候选区域的方法相比，YOLO 召回率相对较低。因此，YOLO 的改进版本 YOLO v2 主要改进点在于改进定位精度和提高召回率，同时要保持分类准确性。并且通过在 YOLO 所有卷积层上添加了批标准化（Batch Normalization），网络的收敛性得到了显著改善，同时消除了对其他形式正则化的需求。原来的 YOLO 以 224×224 的分辨率训练分类器网络，YOLO v2 版本将分辨率提高到 448×448 进行检测，从 YOLO 中移除全连接层，并且使用 Faster R-CNN 中区域推荐机制来预测边界框。这个过程首先消除了一个池化层，使网络卷积层输出具有更高的分辨率；其次没有预测偏移量，而按照 YOLO 方法直接预测出相对于网格单元位置的位置坐标。YOLO v3 采用了新的网络结构 DarkNet-53 提取特征，采用了多尺度检测的方法，同时改变了对象分类算法进一步提高了目标检测的精度。2020 年发布的 YOLO v4 在目标检测精度及处理速度方面均有大幅提升。

3.3.2 SSD 目标检测算法

SSD（Single Shot MultiBox Detector）获取目标位置和类别的方式与 YOLO 方法类似，而相比于 YOLO 是在整张特征图上划分的 7×7 的网格内进行回归，YOLO 对于目标物体的定位并不精准，所以为解决精度问题，SSD 利用类似 Faster R-CNN 推荐区域得分机制实现精准定位。与 Faster R-CNN 的推荐候选框得分机制不同，SSD 在多个特征图上进行处理。Faster R-CNN 首先提取候选框，然后再进行分类，而 SSD 利用得分机制直接进行分类和区域框回归。在保证速度的同时，SSD 检验结果的精度与 Faster R-CNN 相差不多，从而能够满足实时检测与高精度的要求。

如图 3-5 所示，SSD 网络对输入图像进行卷积处理时，针对尺寸为 8×8 或 4×4 特征图的每个位置上评估出不同长宽比的小集合默认框。对于每个默认框，预测对所有对象类别的形状偏移和置信度。在训练时，首先将这些默认框匹配到真实标签区域框中。例如，两个默认框匹配到猫和狗，这些框为正，其余视为负。模型损失是位置损失和置信损失之间的加权和。SSD 方法基于前馈卷积神经网络，产生固定大小的区域框集合和区域框中物体类别的分数，然后使用非极大值抑制算法产生最终预测。

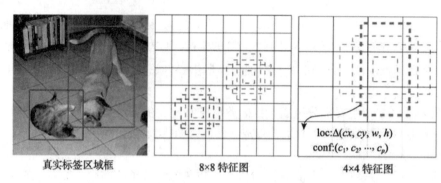

图 3-5 SSD 目标检测过程

3.4 目标检测算法评价指标

目标检测需要预测出目标的具体位置以及目标类别，对于一个目标是否检测正确，首先要确定预测类别置信度是否达到阈值，之后确定预测框与实际框的重合度大小是否超过规定阈值。对于多目标检测，分别对每一类进行评价，因此可以由多种目标评价问题转换为多个二分类评价问题。针对重合度的定义，通常采用 IoU（Intersection over Union）来代表。IoU 是指对目标预测框与实际框之间的交集面积与两个框之间并集面积之比，IoU 越大表示预测框与实际框之间重合度越高，检测的越准确，见式（3-2）：

$$\text{IoU} = \frac{\text{area}(B_p \cap B_{gt})}{\text{area}(B_p \cup B_{gt})} \quad (3\text{-}2)$$

其中，B_p 为预测框的坐标位置，B_{gt} 表示实际框的位置，area 表示面积。

对于目标检测中某类目标检测算法的最终评价，需要统计在某个阈值条件下，算法对该目标检测的准确率和召回率。准确率（Precision）为对于某个预测类别来说，预测正确的框占所有预测框的比例。而召回率（Recall）为对于某个预测类别来说，预测正确的框占所有真实框的比例。这两个指标的计算方法见式（3-3）和式（3-4）：

$$\text{Precision} = \frac{\text{TP}}{\text{TP+FP}} \quad (3\text{-}3)$$

$$\text{Recall} = \frac{\text{TP}}{\text{TP+FN}} \quad (3\text{-}4)$$

其中，TP 表示正确预测到的正样本数量，FP 表示错误预测的正样本数量，FN 表示错误预测的负真实样本数量。

以 Recall 值为横轴，Precision 值为纵轴，可以得到 PR 曲线。由于单独使用召回率和准确率无法全面地衡量模型性能，所以一般采用综合上述两个指标的均值平均精度（mAP）和平均精度（AP）来衡量模型在检测目标物体方面的准确性。AP 是在单个类别上的性能度量，对于一个特定的类别，AP 的计算步骤如下：

1）计算准确率-召回率曲线（Precision-Recall Curve）

在不同的置信度阈值下，计算对应的准确率和召回率。

2）计算曲线下的面积（Area Under the Curve，AUC）

通过对准确率-召回曲线下的面积进行积分，得到 AUC。

3）计算平均精度（AP）

对所有类别的 AUC 进行平均，得到平均精度。

$$AP = \frac{1}{n}\sum_{i=0}^{n}AUC_i \qquad (3-5)$$

其中，n 是类别的总数，AUC_i 是第 i 个类别的 AUC。

均值平均精度(mAP)：均值平均精度是对所有类别平均精度的平均，它是目标检测任务中常用的综合性能指标。

$$mAP = \frac{1}{n}\sum_{i=0}^{n}AP_i \qquad (3-6)$$

其中，AP_i 是第 i 个类别的 AP。

FPS（Frames Per Second，每秒帧数）是一种用于衡量图像或视频处理速度的评价标准，常用在计算机图形学、计算机视觉和游戏开发等领域。FPS 表示在一秒钟内显示的图像或帧的数量。更高的 FPS 通常被认为可以提供更流畅的视觉体验。

3.5 深度卷积神经网络目标检测算法性能对比

Girshick 等人设计的 R-CNN、Fast R-CNN 和 Faster R-CNN 等一系列目标检测算法在网络结构上进行不断的改进升级，从而使目标检测在精度和速度上都获得了很大的进步。尤其是 Faster R-CNN 是端到端训练的卷积神经网络架构，其训练和测试的速度相比 R-CNN 提升了数百倍，但是获取候选区域的计算量仍然很大，无法实现实时的目标检测。与使用候选区域的检测算法相比，YOLO 和 SSD 是非常快速高效的检测算法，YOLO 在目标定位中略有缺陷，但是在其改进版本中解决了这个问题，而 SSD 在检测精度和检测速度上是一个相对均衡的目标检测算法。表 3-1 为几种不同检测算法在检测精度和检测速度方面上的对比，使用的训练数据集是 VOC2007 和 VOC2012，测试数据集为 VOC2007。从表 3-1 中可知在基于候选区域的深度卷积神经网络检测方法中，R-FCN 无论是在检测精度还是检测速度上都领先 Faster R-CNN。而在基于回归方法的深度卷积神经网络目标检测算法中，YOLO v3 在目标检测精度方面表现较好，而 YOLO 在目标检测速度方面表现较好。

表 3-1 目标检测网络对比

检测框架	mAP	检测速度/(帧/s)
R-FCN	79.4	7
Faster R-CNN	76.4	5
SSD500	76.8	19
YOLO	63.4	45
YOLO v2	78.6	40
YOLO v3	82.3	39

> **小贴士：可以简单地说明候选区域法和回归法的区别吗？**
>
> 答：候选区域法可以认为是两阶段的检测方法，第一阶段专门用来推荐候选区域，第二阶段判断候选区域中是否有目标及目标的种类是什么。而回归法是一阶段的检测方法，通过一个阶段完成上述的两个功能。从原理上可以看出，回归法的速度快，但候选区域法的定位一般更加准确。可以根据不同的项目需求选择不同的算法。
>
> **小贴士：产业界比较常用的检测方法是什么？为什么？**
>
> 答：YOLO 是比较常用的检测方法，截至 2020 年 4 月已经发布了四个版本。YOLO v4 的检测性能最好。YOLO 的作者还提供了 C 语言源码，移植性较好。另外，每个 YOLO 版本里都会提供更小卷积层数的版本 Tiny-YOLO。可以根据不同的项目需求，选择不同的 YOLO 版本。

3.6 目标检测项目实战

项目简介：可以识别如图 3-6 所示的图像中 20 类物体。用到的训练集为 VOC 数据集。

图 3-6 VOC 数据集示意图

代 码 清 单

3.6.1 Faster R-CNN

1. 导入第三方库

本实例导入了 Keras 库，keras_frcnn 文件夹里面存放的是实现 Faster R-CNN 所用到的各种类和方法。

```python
from __future__ import division
import random
import pprint
import sys
import time
import numpy as np
import pickle
from keras import backend as K
from keras.optimizers import Adam, SGD, RMSprop
from keras.layers import Input
from keras.models import Model
from keras_frcnn import config, data_generators
from keras_frcnn import losses as losses_fn
import keras_frcnn.roi_helpers as roi_helpers
from keras.utils import generic_utils
import os
from keras_frcnn import resnet as nn
from keras_frcnn.simple_parser import get_data
```

2. Faster R-CNN 的主干网络——VGG16 的定义

```python
def nn_base(input_tensor=None, trainable=False):
    # 定义适当的输入类型
    if K.image_dim_ordering() == 'th':
        input_shape = (3, None, None)
    else:
        input_shape = (None, None, 3)

    if input_tensor is None:
        img_input = Input(shape=input_shape)
    else:
        if not K.is_keras_tensor(input_tensor):
            img_input = Input(tensor=input_tensor, shape=input_shape)
        else:
            img_input = input_tensor
    if K.image_dim_ordering() == 'tf':
        bn_axis = 3
    else:
        bn_axis = 1
    # Block 1
    x = Conv2D(64, (3, 3), activation='relu', padding='same',name='block1_conv1')(img_input)
    x = Conv2D(64, (3, 3), activation='relu', padding='same', name='block1_conv2')(x)
    x = MaxPooling2D((2, 2), strides=(2, 2), name='block1_pool')(x)
    # Block 2
    x = Conv2D(128, (3, 3), activation='relu', padding='same', name='block2_conv1')(x)
    x = Conv2D(128, (3, 3), activation='relu', padding='same', name='block2_conv2')(x)
```

```
        x = MaxPooling2D((2, 2), strides=(2, 2), name='block2_pool')(x)
        # Block 3
        x = Conv2D(256, (3, 3), activation='relu', padding='same',
    name='block3_conv1')(x)
        x = Conv2D(256, (3, 3), activation='relu', padding='same',
    name='block3_conv2')(x)
        x = Conv2D(256, (3, 3), activation='relu', padding='same',
    name='block3_conv3')(x)
        x = MaxPooling2D((2, 2), strides=(2, 2), name='block3_pool')(x)
        # Block 4
        x = Conv2D(512, (3, 3), activation='relu', padding='same',
    name='block4_conv1')(x)
        x = Conv2D(512, (3, 3), activation='relu', padding='same',
    name='block4_conv2')(x)
        x = Conv2D(512, (3, 3), activation='relu', padding='same',
    name='block4_conv3')(x)
        x = MaxPooling2D((2, 2), strides=(2, 2), name='block4_pool')(x)
        # Block 5
        x = Conv2D(512, (3, 3), activation='relu', padding='same',
    name='block5_conv1')(x)
        x = Conv2D(512, (3, 3), activation='relu', padding='same',
    name='block5_conv2')(x)
        x = Conv2D(512, (3, 3), activation='relu', padding='same',
    name='block5_conv3')(x)
        return x
```

3. RPN 网络的定义

该网络的输入有以下几项。

（1）base_layers: 也就是前面 VGG 网络的主干网络最后的输出。假设输入主干的图片尺度为 $600 \times 600 \times 3$，则该 RPN 输入特征图（feature map）的 shape 是 $38 \times 38 \times 512$。

（2）num_anchors: 这个值是每个锚点产生的 ROI 的数量。例如，锚点（anchors）的尺度为[16, 32, 64]共 3 种，长宽比例为[1:1, 1:2, 2:1]也是 3 种。则 num_anchors=3×3（该值并不固定，可能需要根据具体实验数据以及应用场景做相应的修改）。

网络的输出有以下几项。

（1）x_class: 目标类别

（2）x_regr: bboxes 回归层。bboxes 回归由于是 RCNN 系列的核心部分，所以需要特别说明。

```
def rpn(base_layers, num_anchors):
    x = Conv2D(512, (3, 3), padding='same', activation='relu', ker-
nel_initializer='normal', name='rpn_conv1')(base_layers)
    x_class = Conv2D(num_anchors, (1, 1), activation='sigmoid', ker-
nel_initializer='uniform', name='rpn_out_class')(x)
    x_regr = Conv2D(num_anchors * 4, (1, 1), activation='linear', ker-
nel_initializer='zero', name='rpn_out_regress')(x)
    return [x_class, x_regr, base_layers]
```

4. 分类部分网络的定义

网络的输入有以下几项。

（1）base_layer：也就是前面的 VGG 网络的输出，同样其尺度为（38×38×512）。

（2）input_rois：就是 RPN 网络提取的 ROI。

（3）num_rois：前面 R-CNN 和 Fast R-CNN 提取的 ROI 的数量大约是 2000 个，但是由于 RPN 网络提取的 ROI 是有目的性的，仅仅提取其中不超过 300 个就好。在本 Keras 版本的代码中，默认设置的是 32 个，这个参数可以根据实际情况调整。

（4）nb_classes：指数据集中所有的类别数，VOC 数据集有 20 个前景类别，另外加一个背景，总共 21 类。

网络输出有以下几项。

（1）out_class：也就是对应每个 ROI 输出一个包含 21 个类别的输出。

（2）out_regr：也就是对应每个 ROI 的每个类别有 4 个修正参数。

5. 整体网络的定义

```python
def classifier(base_layers, input_rois, num_rois, nb_classes = 21, trainable=False):
    if K.backend() == 'TensorFlow':
        pooling_regions = 7
        input_shape = (num_rois,7,7,512)
    elif K.backend() == 'theano':
        pooling_regions = 7
        input_shape = (num_rois,512,7,7)
    out_roi_pool = RoiPoolingConv(pooling_regions, num_rois)([base_layers, input_rois])
    out = TimeDistributed(Flatten(name='flatten'))(out_roi_pool)
    out = TimeDistributed(Dense(4096, activation='relu', name='fc1'))(out)
    out = TimeDistributed(Dropout(0.5))(out)
    out = TimeDistributed(Dense(4096, activation='relu', name='fc2'))(out)
    out = TimeDistributed(Dropout(0.5))(out)
    out_class = TimeDistributed(Dense(nb_classes, activation='softmax', kernel_initializer='zero'), name='dense_class_{}'.format(nb_classes))(out)
    out_regr = TimeDistributed(Dense(4 * (nb_classes-1), activation='linear', kernel_initializer='zero'), name='dense_regress_{}'.format(nb_classes))(out)
return [out_class, out_regr]

if K.image_dim_ordering() == 'th':
    input_shape_img = (3, None, None)
else:
    input_shape_img = (None, None, 3)
img_input = Input(shape=input_shape_img)
roi_input = Input(shape=(None, 4))
# 定义基础网络(这里是 ResNet, 可以是 VGG, Inception 等)
shared_layers = nn.nn_base(img_input, trainable=True)
```

```
# 在基础层上,构建RPN网络
num_anchors = len(cfg.anchor_box_scales) * len(cfg.anchor_box_ratios)
rpn = nn.rpn(shared_layers, num_anchors)
classifier=nn.classifier(shared_layers,roi_input,cfg.num_rois,nb_clas-
ses= len(classes_count), trainable=True)
model_rpn = Model(img_input, rpn[:2])
model_classifier = Model([img_input, roi_input], classifier)
#这个模型包含RPN和分类器,用于为模型加载或保存权重
model_all = Model([img_input, roi_input], rpn[:2] + classifier)
optimizer = Adam(lr=1e-5)
optimizer_classifier = Adam(lr=1e-5)
model_rpn.compile(optimizer=optimizer,
                loss=[losses_fn.rpn_loss_cls(num_anchors),      loss-
es_fn.rpn_loss_regr(num_anchors)])
model_classifier.compile(optimizer=optimizer_classifier,
                        loss=[losses_fn.class_loss_cls,         loss-
es_fn.class_loss_regr(len(classes_count) - 1)],
                        metrics={'dense_class_{}'.format(len(classes_
                        count)): 'accuracy'})
model_all.compile(optimizer='sgd', loss='mae')
```

3.6.2 用 YOLO 训练自己的模型

Joseph Redmon 等人提供了基于 C 语言编写的 YOLO 系列算法的公开代码,我们可以通过以下方法,完成 YOLO 的训练与测试。本方法默认操作者的使用环境为已经配置好 CUDA 与 CUDNN 的 Ubuntu 系统。

1. 获取 VOC 数据集

2. 在 YOLO 官网下载 YOLOv3 项目

```
git clone https://github.com/pjreddie/darknet
cd darknet
```

3. 修改 darknet 目录下的 Makefile

1)打开文件

```
vi Makefile
```

2)如需使用 GPU 训练,进行如下修改

```
GPU=1   # 使用GPU训练
CUDNN=1 #使用CUDNN
OPENCV=0
OPENMP=0
DEBUG=0
```

3)利用 make 命令编译工程

```
make
```

4. 准备数据集

根据自己需要,修改 voc_label.py 中的 sets、classes 和 classes 参数并运行。运行 python voc_label.py,将 VOC 数据转化成 YOLO v3 需要的数据形式。

VOC2007 文件夹中包括 Annotations、ImageSets 和 JPEGImages 三个文件夹。在 ImageSets 下新建 Main 文件夹。文件目录如图 3-7 所示。

图 3-7 文件目录示例

将自己的数据集图片复制到 JPEGImages 目录下。将数据集 label 文件复制到 Annotations 目录下。在 VOC2007 下新建 MakeFileList.py 文件夹,将下面代码复制进去运行,将生成四个文件: train.txt、val.txt、test.txt 和 trainval.txt。

数据准备代码清单

```python
import os
import random
trainval_percent = 0.1
train_percent = 0.9
xmlfilepath = 'Annotations'
txtsavepath = 'ImageSets\Main'
total_xml = os.listdir(xmlfilepath)
num = len(total_xml)
list = range(num)
tv = int(num * trainval_percent)
tr = int(tv * train_percent)
trainval = random.sample(list, tv)
train = random.sample(trainval, tr)
ftrainval = open('ImageSets/Main/trainval.txt', 'w')
ftest = open('ImageSets/Main/test.txt', 'w')
ftrain = open('ImageSets/Main/train.txt', 'w')
fval = open('ImageSets/Main/val.txt', 'w')
for i in list:
    name = total_xml[i][:-4] + '\n'
    if i in trainval:
        ftrainval.write(name)
        if i in train:
            ftest.write(name)
        else:
            fval.write(name)
```

```
    else:
        ftrain.write(name)
ftrainval.close()
ftrain.close()
fval.close()
ftest.close()
```

Main 文件夹中的文件分别包括 test.txt（测试集图片路径）、train.txt（训练集图片路径）、val.txt（验证集图片路径）。生成后的目录结构如图 3-8 所示。

图 3-8　文件目录示例

5. 修改部分配置文件

（1）修改 data/voc.name，改成自己所需的类别。

（2）修改 cfg/voc.data。

（3）修改 cfg/yolov3-voc.cfg。

这里需要注意的是如何设置 yolov3-voc.cfg 中的 batch 和 subdivisions 的数值，batch/subdivisions 的值就是每次输入网络进行训练的图片数，batch 和 subdivisions 数值太大会导致内存消耗过高从而导致训练失败。

6. 下载预训练模型

```
wget https://pjreddie.com/media/files/darknet53.conv.74
```

将 darknet53.conv.74 放到 scripts 文件夹。

7. 开始训练

```
./darknet detector train cfg/voc.data cfg/yolov3-voc.cfg
    scripts/darknet53.conv.74
```

8. 测试命令

```
./darknet detect cfg/yolov3.cfg yolov3.weights data/dog.jpg
```

这里 yolov3.weights 是训练得到的 YOLO 权重。

3.7 本章小结

本章介绍了几种典型的深度学习目标检测算法。深度学习算法主要可以分为以 Faster R-CNN 为代表的基于候选区域的目标检测算法及以 YOLO 为代表的基于回归的目标检测算法。通过项目实例分别介绍两种目标检测算法的构建方法。

3.8 习题

1. 试用 Python 编程实现 mAP 的计算。
2. 解释非极大值抑制（NMS）算法和 Soft NMS，用 Python 编程实现 NMS 算法。
3. 解释交并比（IoU）的概念。
4. 解释 Faster R-CNN 中 RPN 的作用。
5. 动手实践 YOLO 的训练和测试。

第 4 章

微课视频

图像分割

    图像分割（Image Segmentation）技术是计算机视觉领域的重要研究方向之一，是图像识别、图像语义理解的重要一环。图像分割是指将图像分成若干具有相似性质的区域的过程，从数学角度来看，图像分割是将图像划分成互不相交的区域的过程。如图 4-1 所示，图像中的每个像素被分成不同的类别。与目标检测算法相比较，图像分割算法更适合精细的图像识别任务，更适合目标的精确定位、复杂形状物体的识别与定位、图像的语义理解任务。

本章学习目标

- 图像分割的概念
- 几种典型的图像分割算法
- 图像分割的评价标准
- 图像分割算法项目实践

(a) 原图像

(b) 语义分割结果

(c) 实例分割结果

图 4-1 图像分割的例子

4.1 图像分割的概念

    图像分割可以进一步地分为**语义分割**与**实例分割**。语义分割是指需要进一步判断图像中哪些像素属于哪类目标。但是，语义分割不区分属于相同类别的不同实例。与此不同的是，实例分割可以区分出属于不同实例的那些像素。

深度学习模型在图像分割中的应用起源于 2015 年，Shelhamer 等提出了全卷积神经网络（Fully Convolutional Networks, FCN），开启了深度学习在语义分割中应用的先河。FCN 通过端对端的卷积网络实现了对图像每一个像素点的分类：首先通过卷积神经网络提取图像特征，随后通过反卷积神经网络完成对每一个像素类别的预测；同时，FCN 中提出了跳层连接的概念，将不同池化层的结果进行上采样之后对输出结果进行优化。2016 年，Badri Narayanan 等提出了以扩展卷积为特色的 SegNet 网络。SegNet 网络中提出的扩张卷积层在不降低视觉空间的前提下可以增加视野维度，使图像分割的结果更为精细。Chen 等在 DeepLab 网络中提出了一种新的卷积结构：带孔卷积（Atrous Convolution），这种卷积方式能够保证池化后的感受野不变，从而实现更加精细的语义分割。除此之外，DeepLab 网络的后端通过条件随机场（CRF）对图像分割的边界做了进一步的精修处理。下面对 FCN、SegNet 和 DeepLab 这三种常见的深度学习分割算法进行分析比较。

4.2 典型的图像分割算法

4.2.1 FCN 分割算法

Evan Shelhamer 等在 CVPR（IEEE Conference on Computer Vision and Pattern Recognition）2015 上提出的全卷积神经网络语义分割算法能够端到端地得到每个像素的目标分类结果。与传统的卷积神经网络只能输入固定大小图像和在网络的末端使用几个全连接层得到固定长度的特征向量不同，全卷积神经网络能够接受任意大小尺寸的输入图像，并且网络中没有使用全连接层，而是全部使用卷积层。全卷积神经网络采用反卷积层取代简单的线性插值算法，对最后一个卷积层的特征图进行上采样，使用反卷积可以对卷积进行逆操作，使得特征图可以恢复到和输入图像相同的尺寸大小，并且能够保持数据之间的相关性，从而可以对每个像素都产生一个语义预测。此过程保留了原始输入图像中的空间信息，最后在上采样的特征图上逐像素计算 softmax 分类的损失，实现像素级别的类别划分。图 4-2 为使用全卷积神经网络进行像素级的类别划分，即图像分割。

图 4-3 为 FCN 网络的具体结构。该算法采用 VGGNet 为基础网络，并把 VGGNet 的最后三层全连接层改为卷积层，最后采用跳跃式结构融合多尺度特征产生与原图大小一致的每个像素类别图。

4.2.2 DeepLab 图像分割算法

DeepLab 图像分割算法主要由两部分所组成：深度卷积神经网络（DCNN）和条件随机场（CRF）。该方法的主要创新点就是条件随机场部分，为了能够取得类似于传统条件随机场的全局优化效果，利用循环的方式将上一层的输出作为下一层的输

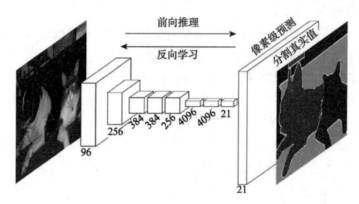

图 4-2　FCN 像素级预测结构

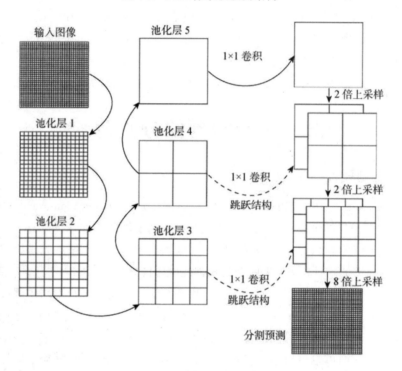

图 4-3　FCN 跳跃结构示意图

入，其中采用的条件随机场架构是基于全局连接模型。图像分割的条件随机场推理的关键因素就是将类别标号问题转变成概率推理问题，其中，需要考虑周围相似像素点的影响作用，全局连接条件随机场使用高斯距离核函数来控制图像上所有的点对其他点影响的程度。条件随机场能够将模糊的像素级类别提取为锐利的边缘分布和细腻的分割结果，因此可以用来解决全卷积神经网络中的模糊输出而产生分类误差的问题。DeepLab 分割算法将条件随机场作为后置的处理加在全卷积神经网络的结果上，用来改善图像分割的结果，这种通过将全卷积神经网络与条件随机场组合得到了较好的结果。如图 4-4 所示是 DeepLab 算法中将深度卷积神经网络与全连接条件随机场（Fully Connected CRF）结合的示意图。

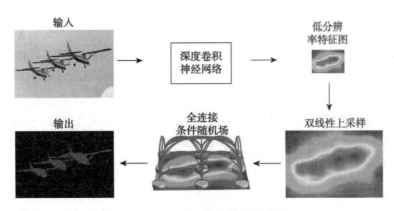

图 4-4　DeepLab 算法结构示意图

4.2.3　SegNet 图像分割算法

SegNet 图像分割算法是一个编码器—解码器结构的卷积神经网络，SegNet 的算法结构如图 4-5 所示。这是一个对称网络，左边是卷积提取高维特征，卷积后不改变图片大小，通过池化来使图片变小，该部分为编码器部分；右边是反卷积与上采样，上采样使用的是反池化的方式将图像变大，通过反卷积使上采样后的图像信息变得丰富，使得在池化过程丢失的信息可以在学习后得到，该部分为解码器部分。最后通过 softmax 输出不同分类的最大值。SegNet 中的池化层多了一个索引的功能，在每次进行最大池化的过程中都会保存滤波器中最大权值的相对位置，在利用反池化的方式进行上采样时，就能对最大权值的区域信息进行恢复，其余信息则会丢失。因此，SegNet 使用可学习的反卷积，将缺失的内容进行填充。

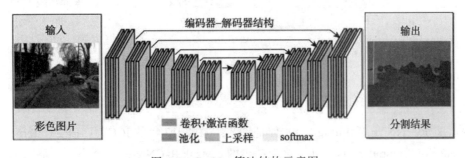

图 4-5　SegNet 算法结构示意图

4.2.4　U-Net 算法

U-Net 是受到 FCN 启发针对医学图像做语义分割，且可以利用少量的数据学习到一个对边缘提取十分鲁棒的模型，在生物医学图像分割领域有很大作用。

图 4-6 表现了整个算法的结构，大体由**收缩**和**扩张**路径组成。因为形似一个字母

U，得名 U-Net。收缩路径利用传统卷积神经网络的卷积池化组件，其中经过一次下采样之后，层数变为原来的 2 倍。扩张路径由 2×2 的反卷积实现，反卷积的输出通道为原来通道数的一半，与原来的特征图（裁剪之后）串联，从而得到和原来一样多的通道数的特征图，再经过 2 个尺寸为 3×3 的卷积操作并进行 ReLU 操作。在最后一层通过卷积核大小为 1×1 的卷积作用得到想要的目标种类。U-Net 与其他常见的分割网络有一点非常不同的地方：U-Net 采用了完全不同的特征融合方式——拼接，U-Net 采用将特征在层（Channel）的维度拼接在一起，形成更厚的特征。而 FCN 融合时使用的对应点相加，并没有形成更厚的特征。

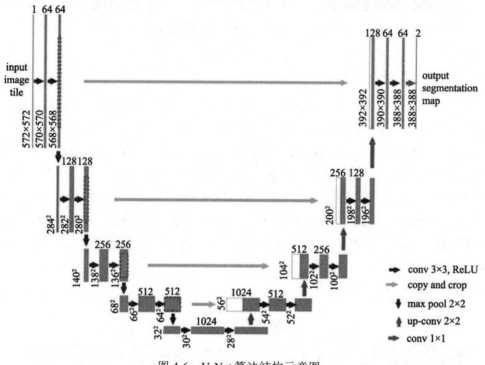

图 4-6　U-Net 算法结构示意图

4.2.5　Mask R-CNN 算法

Mask R-CNN 是 Kaiming He（何恺明）等在 2017 年的 ICCV（IEEE International Conference on Computer Vision）大会上提出的。Mask R-CNN 是一个小巧、灵活的通用对象实例分割框架（Object Instance Segmentation）。它不仅可对图像中的目标进行检测，还可以对每一个目标给出一个高质量的图像分割结果。它在 Faster R-CNN 基础之上进行扩展，并行地添加了一个用于预测目标掩模的新分支。该框架在 COCO 等一系列挑战任务中都取得了最好的结果，包括图像分割、候选框目标检测和人的关键点检测任务。

如图 4-7 所示，Mask R-CNN 分为两个分支：

（1）第一个分支为原始 Faster R-CNN 的结构，它用于对候选窗口进行分类和窗口坐标回归。

（2）第二个分支对每一个感兴趣区域（Region of Interest，RoI）预测分割掩模，这个分支采用了图像分割的经典算法 FCN 结构。

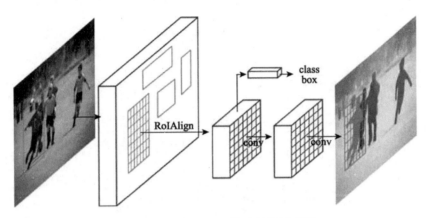

图 4-7　Mask R-CNN 算法结构示意图

4.3　图像分割评价标准

图像分割的重合度是预测的分割结果与真实分割结果的交集与并集之比，采用 IoU 来表示。IoU 值的范围在 0~1，值越大表示分割结果与真实结果之间的重合度越高，分割得越准确，见式（4-1）：

$$\text{IoU} = \frac{\text{area}(B_p \cap B_{gt})}{\text{area}(B_p \cup B_{gt})} \qquad (4\text{-}1)$$

Mean IoU (mIoU) 是对多个类别的 IoU 进行平均，通常用于多类别图像分割任务。公式为：

$$\text{mIoU} = \frac{1}{n}\sum_{i=0}^{n}\text{IoU}_i \qquad (4\text{-}2)$$

其中，IoU_i 为第 i 个类别的 IoU。

表 4-1　分割算法性能对比

分割算法	Mean IoU	FPS
FCN	67.2	10
SegNet	59.9	2.3
DeepLab	71.6	8

> **小贴士：目标检测与图像分割有什么不同？**
>
> 答：目标检测是在图像分类的基础上，进一步判断图像中的目标具体在图像的什么位置，通常是以包围盒(bounding box)的形式。图像分割是目标检测更进阶的任务，目标检测只需要框出每个目标的包围盒，语义分割需要进一步判断图像中哪些像素属于哪个目标。
>
> **小贴士：适用于语义分割和实例分割的算法都有哪些？**
>
> 答：本章所述的 FCN、SegNet 和 DeepLab 可以用于语义分割，Mask R-CNN 可以用于实例分割。

4.4 图像分割项目实战

项目简介：Cityscapes 数据库拥有 5000 张在城市环境中驾驶场景的图像（2975 张训练图像，500 张验证图片，1525 张测试图片），如图 4-8 所示。可以利用下面的代码测试分割的图像中车辆、行人、自行车及街景。数据集下载地址见二维码。

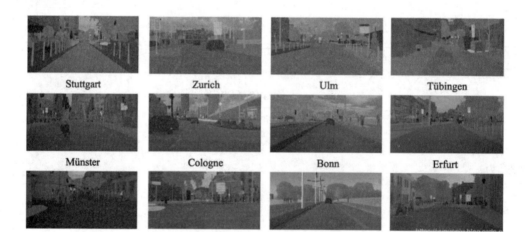

图 4-8 数据集图像示例

代 码 清 单

4.4.1 FCN32 模型构建

```
#导入第三方库
from keras.applications import vgg16
from keras.models import Model, Sequential
from keras.layers import Conv2D, Conv2DTranspose, Input, Cropping2D, add,
```

```python
Dropout, Reshape, Activation
from keras.utils import plot_model
#初始化FCN32
def FCN32(nClasses, input_height, input_width):
#测试后面的两个条件是否正确
    assert input_height % 32 == 0
    assert input_width % 32 == 0
#获得原始的尺寸
    img_input = Input(shape=(input_height, input_width, 3))
#模型是VGG16
    model = vgg16.VGG16(
        include_top=False,
        weights='imagenet', input_tensor=img_input)
    assert isinstance(model, Model)
#创建三个卷积层
    o=Conv2D(
        filters=4096,
        kernel_size=(7,7),
        padding="same",
        activation="relu",
        name="fc6")(model.output)
    o=Dropout(rate=0.5)(o)
    o=Conv2D(
        filters=4096,
        kernel_size=(
            1,
            1),
        padding="same",
        activation="relu",
        name="fc7")(o)
    o=Dropout(rate=0.5)(o)

    o=Conv2D(filters=nClasses,kernel_size=(1,1),padding="same", acti-
vation="relu", kernel_initializer="he_normal", name="score_fr")(o)
#进行反卷积
    o = Conv2DTranspose(filters=nClasses, kernel_size=(32, 32),
strides=(32, 32), padding="valid", activation=None,
                        name="score2")(o)

    o = Reshape((-1, nClasses))(o)
    o = Activation("softmax")(o)

    fcn8 = Model(inputs=img_input, outputs=o)
    # mymodel.summary()
    return fcn8
#函数调用,得到分割之后的图像
if __name__ == '__main__':
    m = FCN32(15, 320, 320)
    m.summary()
    plot_model(m, show_shapes=True, to_file='model_fcn32.png')
    print(len(m.layers))
```

4.4.2 FCN8 的模型构建

```python
#导入第三方库
from keras.applications import vgg16
from keras.models import Model, Sequential
from keras.layers import Conv2D, Conv2DTranspose, Input, Cropping2D, add, Dropout, Reshape, Activation
#初始化FCN_helper
def FCN8_helper(nClasses, input_height, input_width):
#测试后面两个条件是否满足
    assert input_height % 32 == 0
    assert input_width % 32 == 0
#获得原始图像的尺寸
    img_input = Input(shape=(input_height, input_width, 3))
#模型为VGG16
    model = vgg16.VGG16(
        include_top=False,
        weights='imagenet', input_tensor=img_input,
        pooling=None,
        classes=1000)
    assert isinstance(model, Model)
#创建三个卷积层
    o = Conv2D(
        filters=4096,
        kernel_size=(
            7,
            7),
        padding="same",
        activation="relu",
        name="fc6")(
            model.output)
    o = Dropout(rate=0.5)(o)
    o = Conv2D(
        filters=4096,
        kernel_size=(
            1,
            1),
        padding="same",
        activation="relu",
        name="fc7")(o)
    o = Dropout(rate=0.5)(o)
    o = Conv2D(filters=nClasses, kernel_size=(1, 1), padding="same",
activation="relu", kernel_initializer="he_normal", name="score_fr")(o)
#进行反卷积
    o = Conv2DTranspose(filters=nClasses, kernel_size=(2, 2), strides=(2,
2), padding="valid", activation=None, name="score2")(o)
    fcn8 = Model(inputs=img_input, outputs=o)
    # mymodel.summary()
    return fcn8
```

```python
#初始化 FCN8
def FCN8(nClasses, input_height, input_width):
    fcn8 = FCN8_helper(nClasses, input_height, input_width)

    skip_con1 = Conv2D(nClasses, kernel_size=(1, 1), padding="same",
activation=None, kernel_initializer="he_normal", name="score_pool4")
(fcn8.get_layer("block4_pool").output)
    Summed = add(inputs=[skip_con1, fcn8.output])
#进行反卷积
    x = Conv2DTranspose(nClasses, kernel_size=(2, 2), strides=(2, 2),
padding="valid", activation=None, name="score4")(Summed)

    skip_con2 = Conv2D(nClasses, kernel_size=(1, 1), padding="same",
activation=None, kernel_initializer="he_normal", name="score_pool3")
(fcn8.get_layer("block3_pool").output)
    Summed2 = add(inputs=[skip_con2, x])

    Up = Conv2DTranspose(nClasses, kernel_size=(8, 8), strides=(8, 8),
padding="valid", activation=None, name="upsample")(Summed2)

    Up = Reshape((-1, nClasses))(Up)
    Up = Activation("softmax")(Up)

    mymodel = Model(inputs=fcn8.input, outputs=Up)

    return mymodel
#得到分割之后的图像
if __name__ == '__main__':
    m = FCN8(15, 320, 320)
    from keras.utils import plot_model
    plot_model(m, show_shapes=True, to_file='model_fcn8.png')
    print(len(m.layers))
```

4.4.3 Seg-Net 的模型构建

```python
#导入第三方库
from keras import Model,layers
from keras.layers import Input,Conv2D,BatchNormalization,Activation,Reshape
from Models.utils import MaxUnpooling2D,MaxPoolingWithArgmax2D
#初始化 SegNet
def SegNet(nClasses, input_height, input_width):
#测试条件
    assert input_height % 32 == 0
    assert input_width % 32 == 0
#获得原始输入图像的尺寸
    img_input = Input(shape=( input_height, input_width,3))
#创建两个卷积层和 MaxPooling 层
    # Block 1
    x = layers.Conv2D(64, (3, 3),
```

```python
                   activation='relu',
                   padding='same',
                   name='block1_conv1')(img_input)
    x = layers.Conv2D(64, (3, 3),
                   activation='relu',
                   padding='same',
                   name='block1_conv2')(x)
    x, mask_1 = MaxPoolingWithArgmax2D(name='block1_pool')(x)
#创建两个卷积层和MaxPooling层
    # Block 2
    x = layers.Conv2D(128, (3, 3),
                   activation='relu',
                   padding='same',
                   name='block2_conv1')(x)
    x = layers.Conv2D(128, (3, 3),
                   activation='relu',
                   padding='same',
                   name='block2_conv2')(x)
    x , mask_2 = MaxPoolingWithArgmax2D(name='block2_pool')(x)
#创建两个卷积层和MaxPooling层
    # Block 3
    x = layers.Conv2D(256, (3, 3),
                   activation='relu',
                   padding='same',
                   name='block3_conv1')(x)
    x = layers.Conv2D(256, (3, 3),
                   activation='relu',
                   padding='same',
                   name='block3_conv2')(x)
    x = layers.Conv2D(256, (3, 3),
                   activation='relu',
                   padding='same',
                   name='block3_conv3')(x)
    x, mask_3 = MaxPoolingWithArgmax2D(name='block3_pool')(x)
#创建两个卷积层和MaxPooling层
    # Block 4
    x = layers.Conv2D(512, (3, 3),
                   activation='relu',
                   padding='same',
                   name='block4_conv1')(x)
    x = layers.Conv2D(512, (3, 3),
                   activation='relu',
                   padding='same',
                   name='block4_conv2')(x)
    x = layers.Conv2D(512, (3, 3),
                   activation='relu',
                   padding='same',
                   name='block4_conv3')(x)
    x, mask_4 = MaxPoolingWithArgmax2D(name='block4_pool')(x)
#创建两个卷积层和MaxPooling层
    # Block 5
```

```python
x = layers.Conv2D(512, (3, 3),
                  activation='relu',
                  padding='same',
                  name='block5_conv1')(x)
x = layers.Conv2D(512, (3, 3),
                  activation='relu',
                  padding='same',
                  name='block5_conv2')(x)
x = layers.Conv2D(512, (3, 3),
                  activation='relu',
                  padding='same',
                  name='block5_conv3')(x)
x, mask_5 = MaxPoolingWithArgmax2D(name='block5_pool')(x)

Vgg_streamlined=Model(inputs=img_input,outputs=x)
# 加载 Vgg16 的预训练权重
Vgg_streamlined.load_weights(r"E:\Code\PycharmProjects\keras-segm
entation\data\vgg16_weights_tf_dim_ordering_tf_kernels_notop.h5")
# 解码层
unpool_1 = MaxUnpooling2D()([x, mask_5])
y = Conv2D(512, (3,3), padding="same")(unpool_1)
y = BatchNormalization()(y)
y = Activation("relu")(y)
y = Conv2D(512, (3, 3), padding="same")(y)
y = BatchNormalization()(y)
y = Activation("relu")(y)
y = Conv2D(512, (3, 3), padding="same")(y)
y = BatchNormalization()(y)
y = Activation("relu")(y)

unpool_2 = MaxUnpooling2D()([y, mask_4])
y = Conv2D(512, (3, 3), padding="same")(unpool_2)
y = BatchNormalization()(y)
y = Activation("relu")(y)
y = Conv2D(512, (3, 3), padding="same")(y)
y = BatchNormalization()(y)
y = Activation("relu")(y)
y = Conv2D(256, (3, 3), padding="same")(y)
y = BatchNormalization()(y)
y = Activation("relu")(y)

unpool_3 = MaxUnpooling2D()([y, mask_3])
y = Conv2D(256, (3, 3), padding="same")(unpool_3)
y = BatchNormalization()(y)
y = Activation("relu")(y)
y = Conv2D(256, (3, 3), padding="same")(y)
y = BatchNormalization()(y)
y = Activation("relu")(y)
y = Conv2D(128, (3, 3), padding="same")(y)
y = BatchNormalization()(y)
y = Activation("relu")(y)

unpool_4 = MaxUnpooling2D()([y, mask_2])
```

```
    y = Conv2D(128, (3, 3), padding="same")(unpool_4)
    y = BatchNormalization()(y)
    y = Activation("relu")(y)
    y = Conv2D(64, (3, 3), padding="same")(y)
    y = BatchNormalization()(y)
    y = Activation("relu")(y)

    unpool_5 = MaxUnpooling2D()([y, mask_1])

    y = Conv2D(64, (3, 3), padding="same")(unpool_5)
    y = BatchNormalization()(y)
    y = Activation("relu")(y)

    y = Conv2D(nClasses, (1, 1), padding="same")(y)
    y = BatchNormalization()(y)
    y = Activation("relu")(y)

    y = Reshape((-1, nClasses))(y)
    y = Activation("softmax")(y)

    model=Model(inputs=img_input,outputs=y)
    return model
#获得分割之后的图像
if __name__ == '__main__':
    m = SegNet(15,320, 320)
    # print(m.get_weights()[2]) # 看看权重改变没，加载Vgg权重测试用
    from keras.utils import plot_model
    plot_model(m, show_shapes=True, to_file='model_segnet.png')
    print(len(m.layers))
    m.summary()
```

4.4.4 U-Net 的模型构建

```
#初始化 weights 和 bias
def weight_variable(shape, stddev=0.1, name="weight"):
    initial=tf.truncated_normal(shape,stddev=stddev)
    return tf.Variable(initial,name=name)
def weight_variable_devonc(shape, stddev=0.1, name="weight_devonc"):
    return tf.Variable(tf.truncated_normal(shape,stddev=stddev), name=name)
def bias_variable(shape, name="bias"):
    initial= tf.constant(0.1, shape=shape) return tf.Variable(initial,name=name)

#创建卷积层和池化层
def conv2d(x, W, b, keep_prob_):
    with tf.name_scope("conv2d"):
        conv_2d=tf.nn.conv2d(x, W, strides=[1, 1, 1, 1], padding='VALID')
        conv_2d_b = tf.nn.bias_add(conv_2d, b)
```

```
            return tf.nn.dropout(conv_2d_b, keep_prob_)
def deconv2d(x, W,stride):
    with tf.name_scope("deconv2d"):
        x_shape = tf.shape(x)
        output_shape= tf.stack([x_shape[0], x_shape[1]*2, x_shape[2]*2,
    x_shape[3]//2])
        return tf.nn.conv2d_transpose(x, W, output_shape, strides=[1,
    stride, stride, 1], padding='VALID', name="conv2d_transpose")
def max_pool(x,n):
    return tf.nn.max_pool(x, ksize=[1, n, n, 1], strides=[1, n, n, 1],
padding='VALID')

#连接前面部分的池化层和后面的反卷积层
def crop_and_concat(x1,x2):
    with tf.name_scope("crop_and_concat"):
        x1_shape = tf.shape(x1)
        x2_shape = tf.shape(x2)
        # offsets for the top left corner of the crop
        offsets = [0, (x1_shape[1] - x2_shape[1]) // 2, (x1_shape[2] -
        x2_shape[2]) // 2, 0]
        size = [-1, x2_shape[1], x2_shape[2], -1]
        x1_crop = tf.slice(x1, offsets, size)
        return tf.concat([x1_crop, x2], 3)

#三次反卷积层，每一个反卷积层包括一个反卷积，一个连接操作和两次下卷积
for layer in range(layers - 2, -1, -1):
    with tf.name_scope("up_conv_{}".format(str(layer))):
        features = 2 ** (layer + 1) * features_root
        stddev = np.sqrt(2 / (filter_size ** 2 * features))
        wd = weight_variable_devonc([pool_size, pool_size, features // 2,
features], stddev, name="wd")
        bd = bias_variable([features // 2], name="bd")
        h_deconv = tf.nn.relu(deconv2d(in_node, wd, pool_size) + bd)
h_deconv_concat = crop_and_concat(dw_h_convs[layer], h_deconv)
        deconv[layer] = h_deconv_concat

        w1 = weight_variable([filter_size, filter_size, features, features //
2], stddev, name="w1")
        w2 = weight_variable([filter_size, filter_size, features // 2, features
// 2], stddev, name="w2")
        b1 = bias_variable([features // 2], name="b1")
        b2 = bias_variable([features // 2], name="b2")

        conv1 = conv2d(h_deconv_concat, w1, b1, keep_prob)
        h_conv = tf.nn.relu(conv1)
        conv2 = conv2d(h_conv, w2, b2, keep_prob)
        in_node = tf.nn.relu(conv2)
        up_h_convs[layer] = in_node weights.append((w1, w2))
        biases.append((b1, b2))
```

```python
        convs.append((conv1, conv2))
        size *= 2
        size -= 4

#输出分割后的图像
with tf.name_scope("output_map"):
    weight = weight_variable([1, 1, features_root, n_class], stddev)
    bias = bias_variable([n_class], name="bias")
    conv = conv2d(in_node, weight, bias, tf.constant(1.0))
    output_map = tf.nn.relu(conv)
    up_h_convs["out"] = output_map
if summaries:
    with tf.name_scope("summaries"):
        for i, (c1, c2) in enumerate(convs):
            tf.summary.image('summary_conv_%02d_01' % i, get_image_summary(c1))
            tf.summary.image('summary_conv_%02d_02' % i, get_image_summary(c2))
        for k in pools.keys():
            tf.summary.image('summary_pool_%02d' % k, get_image_summary(pools[k]))
        for k in deconv.keys():
            tf.summary.image('summary_deconv_concat_%02d' % k, get_image_summary(deconv[k]))
        for k in dw_h_convs.keys():
            tf.summary.histogram("dw_convolution_%02d" % k + '/activations', dw_h_convs[k])
        for k in up_h_convs.keys():
            tf.summary.histogram("up_convolution_%s" % k + '/activations', up_h_convs[k])
    variables = []
    for w1, w2 in weights:
        variables.append(w1)
        variables.append(w2)
    for b1, b2 in biases:
        variables.append(b1)
        variables.append(b2)
    return output_map, variables, int(in_size - size)
```

4.5 本章小结

本章我们介绍了深度学习图像分割算法，包括图像分割算法及实例分割算法。对于第 2 章介绍的分类 CNN 网络，如 VGG 和 ResNet，都会在网络的最后加入全连接层，经过 softmax 后就可以获得类别概率信息。而图像分割网络一般把后面几个全连接都换成卷积，这样就可以获得一张二维的特征图，后接 softmax 获得每个像素点的分类信息，从而解决了图像分割问题。本章的最后介绍了街景图像分割项目实战。

4.6 习　　题

1. 空洞卷积是什么？有什么应用场景？
2. 什么是全卷积网络？它的作用是什么？
3. 请介绍目标分割的评价指标，并试用 Python 实现。
4. 介绍 U-Net 的网络结构，并思考为什么 U-Net 的分割性能要高于 FCN 网络。
5. 思考实例分割算法可能的应用场景。

第 5 章 目标跟踪

微课视频

目标跟踪是视频分析领域研究的重要问题之一，分为**单目标跟踪**与**多目标跟踪**。前者跟踪视频画面中的单个目标，后者则同时跟踪视频画面中的多个目标，得到这些目标的运动轨迹。目标跟踪技术在智能监控、动作与行为分析、自动驾驶等领域都有重要的应用。

本章学习目标

- 目标跟踪的概念
- 几种目标跟踪的经典算法
- Deep SORT 算法的程序实现

5.1 目标跟踪的概念

目标跟踪算法可以进行目标运动轨迹特征的分析和提取，以弥补目标检测的不足；有效地去除误检，提高检测精度，为进一步的行为分析提供基础。例如，在自动驾驶系统中，目标跟踪算法要对运动的车、行人等目标进行跟踪，根据运动轨迹对它在未来的位置、速度等信息作出预判。如图 5-1 所示，蓝色方框为目标检测框，上面的编号为目标编号，例如图 5-1（a）中的 32 号和 43 号目标，在 10 帧后的目标跟踪结果如图 5-1（b）所示，根据该目标在不同帧的图像位置，可以画出轨迹曲线，然后通过运动轨迹曲线的方向及速率可以对他们未来的位置、速度进行预判，从而做出更合理的判断。图 5-1 中的曲线是目标前几帧检测框中心点的连线，可以作为该目标的运动轨迹。

如图 5-1 所示，跟踪就是在**视频的不同帧中定位某一目标**。从算法设计的角度来说分为两个阶段：

图 5-1　目标跟踪算法在自动驾驶中的应用实例

（1）预测第 S 帧图像中目标 A、目标 B……在第 $S+n$ 帧图像中可能出现的位置，即候选区域。

（2）第 $S+n$ 帧的候选区域是否为第 S 帧图像中目标 A、目标 B……如果是，跟踪成功。

目标跟踪算法的研究难点如图 5-2 所示，包括外观变形、光照变化、快速运动和运动模糊、背景相似干扰、平面外旋转、平面内旋转、尺度变化、遮挡和出视野等情况等。当目标跟踪算法投入实际应用时，实时性也是需要考虑的重要因素。

2010 年以前，目标跟踪领域大部分采用一些经典的跟踪方法，比如 Mean Shift 算法、粒子滤波器（Particle Filter）、卡尔曼滤波器（Kalman Filter）以及基于特征点的光流算法等。

Mean Shift 算法是一种基于概率密度分布的跟踪方法，目标的搜索一直沿着概率梯度上升的方向，迭代收敛到概率密度分布的局部峰值上。首先 Mean Shift 算法会对目标进行建模，比如利用目标的颜色分布来描述目标，然后计算目标在下一帧图像上的概率分布，从而迭代得到局部最密集的区域。Mean Shift 算法适用于目标的色彩模型和背景差异比较大的情形，早期也用于人脸跟踪。

粒子滤波器算法是一种基于粒子分布统计的方法。以跟踪为例，首先对跟踪目标进行建模，定义一种相似度度量确定粒子与目标的匹配程度。在目标搜索的过程中，它会按照一定的分布（比如均匀分布或高斯分布）撒一些粒子，统计这些粒子的相似度，确定目标可能的位置。在这些位置上，下一帧加入更多新的粒子，确保在更大概率上跟踪上目标。

卡尔曼滤波器常被用于描述目标的运动模型，它不对目标的特征建模，而是对目标的运动模型进行建模，常用于估计目标下一帧的位置。

另外，基于特征点的光流跟踪算法也是经典的跟踪方法，在目标上提取一些特征点，然后在下一帧计算这些特征点的光流匹配点，统计得到目标的位置。在跟踪的过程中，需要不断补充新的特征点，删除置信度不佳的特征点，以此来适应目标在运动中的形状变化。本质上可以认为光流跟踪算法属于用特征点的集合来表征目标模型的方法。

在深度学习和相关滤波的跟踪方法出现后，经典的跟踪方法都被舍弃，这主要是因为这些经典方法无法处理复杂的跟踪变化，它们的鲁棒性和准确度都被前沿的算法超越。

在**多目标跟踪**方面，**SORT 算法**（Simple Online and Realtime Tracking）是一种经典

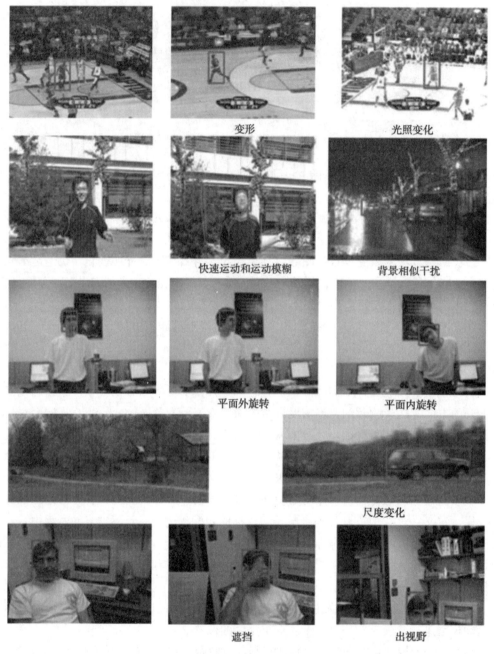

图 5-2 目标跟踪算法的研究难点

的算法，它结合了目标检测的结果。SORT 算法把普通的算法如卡尔曼滤波和匈牙利算法（Hungarian Algorithm）结合到一起，频率可以达到 260Hz，可以较好地完成多目标跟踪的任务。

SORT 算法使用简单的卡尔曼滤波处理逐帧数据的关联性，预测多目标在不同帧中的位置，并且使用匈牙利算法进行关联度量，找到多目标之间的关联性。这种简单的算法在追踪高速运动的目标时，效果较好。但由于 SORT 算法忽略了被检测目标的外观匹配性，因此只有在目标运动状态不确定性较低时才会准确。在 SORT 算法的基础上提出了 **Deep SORT 算法**，它使用更加可靠的度量来代替关联度量，使用 DNN 网络在大规模行人数据集进行训练，提取目标图像特征，在 SORT 框架的基础上，利用深度学习的图像匹配方法，匹配不同帧中候选区域与目标之间的相似度，从而提高跟踪算法对处理丢失及遮挡目标的鲁棒性。

本书将对光流算法、SORT 算法、Deep SORT 算法进行详细的介绍。

5.2 基于光流特征的目标跟踪算法

5.2.1 基于光流特征跟踪算法概述

光流（Optical Flow）是空间运动物体在观察成像平面上**像素运动的瞬时速度**。光流法是利用图像序列中像素在时间域上的变化以及相邻帧之间的相关性来找到上一帧跟当前帧之间存在的对应关系，从而计算出相邻帧之间物体的运动信息的一种方法。通常将二维图像平面特定坐标点上的**灰度瞬时变化率定义为光流矢量**。如图 5-3 所示，简单来说，光流就是瞬时速度，在时间间隔很小（比如视频的连续前后两帧之间）时，也等同于目标点的位移。如图 5-3 所示，光流场是灰度图像的二维矢量场，它反映了图像上像素的变化趋势，可看成是带有灰度的像素点在图像平面上运动而产生的瞬时速度场，它包含的信息即是各像素点的**瞬时运动速度矢量信息（目标的瞬时速度及运动方向）**。如图 5-3 中运动物体旁边的直线，它既可以表现物体的运动方向，也可以表现物体运动的速率。主要的光流法包括 HS（Horn-Schunck）光流法，LK（Lucas-Kanade）光流法和金字塔 LK 光流法。

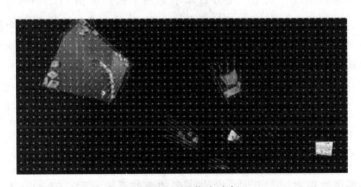

图 5-3 可视化光流场

5.2.2 LK 光流法

LK 光流法有三个假设条件。

（1）亮度恒定：对于灰度图像中运动目标，其像素点的亮度在相邻帧间不发生变化。

（2）时间连续或者运动足够小：在每次计算时，不会由于时间的变化而引起目标位置的剧烈变化，运动目标的像素点在相邻帧间对应位置的变化比较小。

（3）空间一致：特征点附近所有相邻的像素点运动情况相似。

在 t 时刻，图像上的像素点 (x,y) 处的灰度值为 $I(x,y,t)$，在 $t+\mathrm{d}t$ 时刻该点运动到了一个新的位置，其灰度值为 $I(x+\mathrm{d}x,y+\mathrm{d}y,t+\mathrm{d}t)$。根据假设（1）"亮度恒定"的条件，可以得到式（5-1）。

$$I(x,y,t) = I(x+\mathrm{d}x,y+\mathrm{d}y,t+\mathrm{d}t) \tag{5-1}$$

根据假设（2）"运动足够小"可以将上式使用泰勒展开并舍弃二阶无穷小，得到式（5-2）。

$$I(x+\mathrm{d}x,y+\mathrm{d}y,t+\mathrm{d}t) \approx I(x,y,t) + \frac{\partial I}{\partial x}\mathrm{d}x + \frac{\partial I}{\partial y}\mathrm{d}y + \frac{\partial I}{\partial t}\mathrm{d}t \tag{5-2}$$

计算整理，进一步得到式（5-3）。

$$-\frac{\partial I}{\partial t} = \frac{\partial I}{\partial x}\frac{\mathrm{d}x}{\mathrm{d}t} + \frac{\partial I}{\partial y}\frac{\mathrm{d}y}{\mathrm{d}t} \tag{5-3}$$

令 $I_x = \frac{\partial I}{\partial x}$，$I_y = \frac{\partial I}{\partial y}$，$I_t = \frac{\partial I}{\partial t}$ 并写成矩阵的形式，如式（5-4）所示。

$$\begin{bmatrix} I_x & I_y \end{bmatrix} \begin{bmatrix} u \\ v \end{bmatrix} = -I_t \tag{5-4}$$

其中，I_x 为像素在某点处沿 x 方向的梯度；I_y 为像素在某点处沿 y 方向的梯度；I_t 为图像中的像素点在该点关于时间 t 处的导数；u、v 分别是像素点在两方向的速度分量。

对于一个像素点来说，只用一个方程来求解两个未知量 (u,v) 是不可行的，根据"空间一致"的假设，可建立该像素点邻域内像素的方程组来求解该像素点的光流矢量。考虑一个 $w×w$ 大小的窗口，每个像素均拥有相同的光流矢量，则可建立 $w×w$ 个方程，将其写为矩阵形式，得到式（5-5）。

$$\begin{bmatrix} I_x(p_1) & I_y(p_1) \\ I_x(p_2) & I_y(p_2) \\ \vdots & \vdots \\ I_x(p_{w×w}) & I_y(p_{w×w}) \end{bmatrix} \begin{bmatrix} u \\ v \end{bmatrix} = -\begin{bmatrix} I_t(p_1) \\ I_t(p_2) \\ \vdots \\ I_t(p_{w×w}) \end{bmatrix} \tag{5-5}$$

引入局部平滑约束之后，得到一个有很多约束的系统方程，记 $AV = b$，利用最小二乘法计算，求出 $V = (u,v)^{\mathrm{T}}$ 的最优解，得到式（5-6）。

$$V = (A^{\mathrm{T}}A)^{-1}A^{\mathrm{T}}b \tag{5-6}$$

当 $(A^{\mathrm{T}}A)$ 满秩即 $(A^{\mathrm{T}}A)$ 有两个较大的特征向量时，$(A^{\mathrm{T}}A)$ 可逆；在图像中沿两个方向都有像素变化的区域，一般对应 $(A^{\mathrm{T}}A)$ 是可逆的，比如角点，可以得到此处光流，但是这也限制了稀疏光流法特征点的选择范围。根据上式通过累加邻域像素点的偏导数，并做矩阵运算，可算出该点的光流。

LK 光流法的主要步骤如下。

（1）选择特征点：在第一帧中选择一组特征点（如角点）。

（2）定义窗口：在每个特征点周围定义一个小窗口。

（3）计算光流：通过最小化窗口内像素的误差来计算特征点在连续帧之间的运动。

5.2.3 金字塔 LK 光流法

LK 光流法相比 HS 光流法避免了计算目标区域内所有像素点的光流，减小了运算开销，提高了程序的运行速度。但 LK 光流法的三个假设条件也会在应用稀疏光流法时产生一定的限制，比如当物体运动位移较大或速度较快时，图像间的相关性较弱，并且较大的运动不满足泰勒公式的展开条件，导致无法求出最优匹配解而跟踪失败。

为了避免大位移运动跟踪失败的情况，在较大的尺度上进行跟踪时，将图像金字塔与 LK 光流法相结合，使图像分辨率降低到一定程度时，原本较大的运动位移变得足够小，利用图像金字塔自上而下地计算来得到准确的光流。比如在分辨率为 400×300 的图像上，若连续帧间某个像素点运动了 40 个像素点，当把图像分辨率降为 200×150 时，连续帧间像素点的运动变为 20 个像素点……当图像分辨率降至一定程度，连续帧间的运动量很小时，满足 LK 光流法的假设条件，可以计算得到光流。

如图 5-4 所示，将图像的宽高每次缩小为原来的一半，到第 L 层时缩小为原图像的 $1/2^L$，第 0 层为原图像，将多层图像放在一起组成图像金字塔。设原图的速度向量即光流为 d，则每一层的速度 d^L 定义为式（5-7）。

$$d^L = d/2^L \tag{5-7}$$

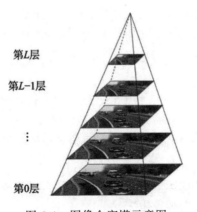

图 5-4　图像金字塔示意图

计算某像素点的光流时，首先在最高层即第 L 层图像计算该点的光流，将它作为下一层即第 L-1 层光流的初始值，再计算该像素点在这一层的光流；之后把得到的光

流作为第 L–2 层光流的初始值……以此类推，直到图像的原始尺度，求得光流计算的最终结果。

给定图像序列 I_1 和 I_2 计算 m 点的光流时，假设通过第 L+1 层计算得到第 L 层光流的初始值 $\boldsymbol{g}^L = [g_x^L \quad g_y^L]^T$ 来求第 L 层的光流 $\boldsymbol{d}^L = [d_x^L \quad d_y^L]^T$，根据 I_1 的第 L 层图像 I_1^L 与 I_2 的第 L 层图像 I_2^L 之间的图像灰度关系可得到优化函数式（5-8），并将其最小化可求得 $\boldsymbol{d}^L$。

$$\varepsilon^L(\boldsymbol{d}^L) = \sum_{x=m_x^L-r}^{m_x^L+r} \sum_{y=m_y^L-r}^{m_y^L+r} (I_1^L(x,y) - I_2^L(x+g_x^L+d_x^L, y+g_y^L+d_y^L))^2 \quad (5\text{-}8)$$

其中，(m_x^L, m_y^L) 代表在第 L 层中 m 点的坐标；r 为邻域半径。

虽然目标的运动位移在原始图像中较大，但在第 L+1 层和第 L 层之间位移较小，满足泰勒公式展开条件，展开求得 $\boldsymbol{d}^L$ 后，利用式（5-9）初始化第 L–1 层的光流，重复上述计算过程并逐层迭代，根据式（5-10）求得光流 $\boldsymbol{d}$ 的最终计算结果。

$$\boldsymbol{g}^{L-1} = 2(\boldsymbol{g}^L + \boldsymbol{d}^L) \quad (5\text{-}9)$$

$$\boldsymbol{d} = \boldsymbol{g}^0 + \boldsymbol{d}^0 = \sum_{i=0}^{L} 2^i \boldsymbol{d}^i \quad (5\text{-}10)$$

金字塔 LK 光流法的步骤总结如下。

（1）构建图像金字塔：为两个连续的图像帧各自构建一个图像金字塔。这通常通过对原始图像进行多次降采样来实现，每次降采样都会降低图像的分辨率（例如，每次减半）。

（2）从最低分辨率层级开始计算：在金字塔的最低层级（即分辨率最低的层级）开始光流计算。在这个层级上，即使是大的图像运动也显得相对较小，因此更易于处理。

（3）估计光流：使用 LK 光流算法在当前层级估计光流。

（4）上采样光流到下一层级：将估计得到的光流上采样（放大）到下一个较高分辨率的层级。这通常涉及对光流场的放大和可能的插值处理。

（5）细化光流估计：在新的层级上，使用上采样的光流作为初始估计，并再次运行光流算法来细化估计。这一步骤考虑了更多的细节，因为在更高的分辨率上，图像包含更多信息。

（6）重复过程：重复步骤（4）和（5），逐级向上移动至原始分辨率的层级。每个层级的光流估计都是基于前一层级的结果来进行细化的。

（7）获取最终光流：在达到最高层级（原始图像的分辨率）后，得到的光流估计即为最终结果。

这个过程使得金字塔光流法能够有效处理大范围的运动，同时在各个层级上细化光流估计，提高了整体的准确性和鲁棒性。

5.3　SORT 目标跟踪算法

对于多目标跟踪的 SORT 算法，目标跟踪算法是将各帧的目标检测结果分别赋予跟踪序号的过程，在不同视频帧出现的同一目标需要赋予相同的跟踪序号。算法流程如表 5-1 所示。

表 5-1 SORT 算法流程

【初始输入】目标检测结果表示为 $D = \{1,2,3,\cdots,M\}$，跟踪序号列表示为 $T = \{1,2,3,\cdots,N\}$。

【阈值设定】设最大丢失帧数阈值为 T_lost（当目标由于遮挡等原因丢失后，跟踪序号仍然在一定帧数内保留）；相似度阈值为 T_IoU。

【算法流程】

1. 通过过去帧中的实际目标区域，预测当前帧跟踪序号的可能出现的区域 Tp_i。
2. 计算卡尔曼滤波器预测的候补区域 Tp_i 和实际检测区域 D_k 的相似度。
3. 根据基于以下算法使用匈牙利算法将当前帧的目标检测结果分配给每个跟踪器分配给每个跟踪序号：

（1）如果目标检测区域与预测候补区域的相似度大于相似度阈值（T_IoU）→跟踪成功，该目标的跟踪帧数（T_I=+1）。

（2）目标检测区域与预测候补区域的相似度小于相似度阈值（T_IoU）→跟踪失败。

4. 对于跟踪成功的目标，利用当前帧的目标检测结果更新跟踪序号列（T）。
5. 对于跟踪失败的目标，为当前帧的目标重新建立一个跟踪序号。
6. 对于 T 中没有匹配上的跟踪序号其丢失帧数+1，大于最大丢失帧数阈值（T_lost）的跟踪序号直接删除。

【结果输出】将更新后的跟踪序号列 T 输出

下面对算法流程中介绍的卡尔曼滤波器（第 2 步），匈牙利算法（第 3 步）分别进行详细介绍。

5.3.1 卡尔曼滤波器

卡尔曼滤波器是一种用于动态系统状态估计的优秀算法。与其他方法不同，卡尔曼滤波器不需要储存大量的历史数据，只保留系统前一时刻的状态。这使得算法计算量小、速度快，且在内存使用方面非常高效，因此在实际工程中被广泛应用。

卡尔曼滤波器的核心是动态系统方程，包含状态方程和观测方程。状态方程描述了系统状态如何随时间演变，观测方程则将系统状态映射到观测空间。在每个时间步，卡尔曼滤波器通过先前的最优估计，结合观测值，准确预测当前状态。

整个卡尔曼滤波器过程分为两个步骤：状态预测和状态更新。在状态预测阶段，卡尔曼滤波器基于前一时刻的最优估计，计算当前时刻的状态和误差协方差的预测值。在状态更新阶段，滤波器融合新的观测值和先验估计，更新模型，更准确地预测下一时刻的状态估计值。

卡尔曼滤波器通过不断迭代，利用观测值的信息逐步提高状态估计的准确性。整个过程通过状态预测、状态更新、卡尔曼增益的计算和误差协方差的更新等步骤完成。算法通过动态权衡预测值和观测值，有效地处理噪声，使得在实时应用中表现出色。

状态方程见式（5-11）。

$$x_k = Ax_{k-1} + Bu_{k-1} + w_{k-1} \tag{5-11}$$

其中，x_{k-1} 是 $k-1$ 时刻的系统状态，是最优估计值而不是真实值，因为目标的真实状态是永远无法知道的，只能根据观测来尽可能地估计 x 值；x_k 表示当前状态，由上一时刻状态推测得到，需要根据观测量修正，修正后得到系统的最优估计值；u_{k-1} 是控制量；w_{k-1} 表示噪声；A 是状态转移矩阵，表示怎样根据 x_{k-1} 来预测 x_k；B 表示控制量对系统状态的作用。

同时对该状态变量进行观测，若直接测量值不是测量值，需要把直接测量值转换为测量值，得到观测变量 z_k，观测方程见式（5-12）。

$$z_k = Hx_k + v_k \tag{5-12}$$

其中，H 用来将系统状态转换为观测变量，v_k 是测量噪声。

如图 5-5 所示，卡尔曼滤波器的流程分为两个步骤：状态预测和状态更新。卡尔曼滤波器首先要计算系统状态的先验估计，利用前一时刻系统的状态估计值，计算当前时刻系统状态和误差协方差的预测值；当前时刻的观测值进入系统后，融入新的观测值和先验估计构造后验估计，对模型进行更新，从而更加准确地预测系统下一时刻的状态估计值。

状态预测见式（5-13）和式（5-14）。

$$\hat{x}_k^- = A\hat{x}_{k-1} + Bu_{k-1} \tag{5-13}$$

$$P_k^- = AP_{k-1}A^T + Q \tag{5-14}$$

状态更新见式（5-15）、（5-16）和（5-17）。

$$K_k = \frac{P_k^- H^T}{HP_k^- H^T + R} \tag{5-15}$$

$$\hat{x}_k = \hat{x}_k^- + K_k(z_k - H\hat{x}_k^-) \tag{5-16}$$

$$P_k = (1 - K_k H)P_k^- \tag{5-17}$$

式（5-13）实现状态预测，在 $k-1$ 时刻最优估计 $\hat{x}_{k-1}$ 基础上得到 k 时刻系统状态的先验估计 $\hat{x}_k^-$。式（5-14）实现误差协方差 P_k^- 的预测，利用 $k-1$ 时刻更新后的误差协方差矩阵 P_{k-1} 得到 k 时刻误差协方差的先验估计 P_k^-；Q 代表过程噪声；与式（5-13）一起构成卡尔曼滤波器的基础。式（5-15）得到卡尔曼增益 K_k，一方面用来权衡状态预测协方差和观测量协方差的大小来决定预测值和观测量的比重，另一方面，将残差从观察空间转换到了状态空间，利用观测量的残差更新状态值。其中，误差协方差的先验估计 P_k^- 的值越小，实际的观测值和预期的观测值之间的预测残差 $z_k - H\hat{x}_k^-$ 的权重 K_k 就会越小；观测量的协方差 R 的值越小，预测残差的权重 K_k 就会越大；式（5-16）表示状态的优化，结合观测量 z_k 得到为 k 时刻的系统状态的最优估计值 $\hat{x}_k$，其输出是最终的卡尔曼滤波结果；式（5-17）表示误差协方差更新，计算得到误差协方差的最优估计值 P_k，为下一次迭代做准备。卡尔曼滤波器的工作过程如图 5-5 所示。

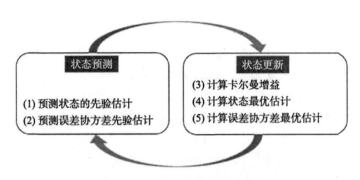

图 5-5 卡尔曼滤波器的流程图

大多数情况下，同一个目标的运动状态在较短时间可以近似为匀速直线运动。采用线性的卡尔曼滤波器依据中心坐标、尺寸大小比例以及对下一帧的预测信息等为每个目标建立运动模型，进而对下一帧目标的位置进行估计来加快目标跟踪的计算速度。

5.3.2 基于匈牙利算法的数据关联

匈牙利算法是一种组合优化算法，用于求解指派问题。在目标跟踪中，它被用来匹配不同帧之间的目标。在这个任务中，匈牙利算法的主要目标是有效地分配目标检测结果和目标跟踪序列，以实现最合理的资源配置。

目标跟踪的主要任务之一就是将视频中不同帧的目标进行匹配。如图 5-6 所示，卡尔曼滤波器预测得到目标跟踪框(如图中 P)后，计算出目标跟踪框和目标检测框之间的相交度，即上一帧预测得到的跟踪框与当前帧中的检测框（如图中 D）之间的交集面积与并集面积的比值，利用匈牙利匹配算法对检测框与预测框的相交度组成的状态关联矩阵进行指派，实现目标检测结果与跟踪序列之间的匹配。

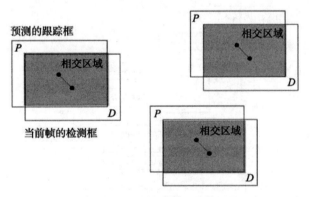

图 5-6 匈牙利匹配算法原理示意图

匈牙利算法的步骤如下。

（1）创建一个开销矩阵，其中每个元素表示目标检测框和目标跟踪框之间的相交度。这个矩阵用于表示分配问题的开销。

（2）对开销矩阵的每一行，找到最小值，并将该行中的所有元素减去这个最小值。

（3）对开销矩阵的每一列，找到最小值，并将该列中的所有元素减去这个最小值。

（4）用最少数量的横线和竖线覆盖矩阵中的所有 0。

（5）从未被覆盖的元素中找到最小值，然后将这些未被覆盖的元素减去这个最小值，同时将与交叉点相交的元素加上这个最小值。这一步的目的是增加开销矩阵中的 0 的数量，使任务更容易分配。

（6）重复步骤（3）和步骤（4），直到所有任务都被分配。

5.4 Deep SORT 多目标跟踪算法

前面介绍的 SORT 算法使用简单的卡尔曼滤波处理逐帧数据的关联性，并使用匈牙利算法进行关联度量，这种算法在高帧速率下可以获得了较好的目标跟踪性能。但由于 SORT 算法忽略了被检测物体的外观特征，只有在物体状态估计不确定性较低时会准确，在 Deep SORT 算法中，使用更加可靠的度量来代替关联度量，使用卷积神经网络在大规模数据集进行训练，提取外观特征，从而增加目标跟踪系统对遗失和障碍的鲁棒性。

5.4.1 Deep SORT 算法跟踪原理

Deep SORT 算法跟踪原理如图 5-7 所示。在目标检测算法得到检测结果后，利用目标框来初始化卡尔曼滤波器，使用一个 8 维空间去刻画轨迹在某时刻的状态 $(u,v,r,h,x^*,y^*,r^*,h^*)$ 分别表示目标框的中心位置、纵横比、高度以及在图像坐标中对应的速度信息，其观测变量为 (u,v,r,h)；计算卡尔曼滤波器提供的预测框与目标检测框之

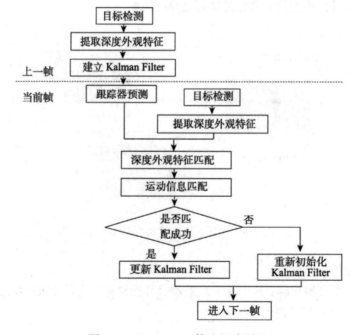

图 5-7 Deep SORT 算法跟踪原理

间的**位置关系**和**外观特征关系**，利用两个信息综合判断目标检测框与跟踪框之间的关联程度，完成多目标的跟踪匹配。

5.4.2 外观特征间的关联性计算

更深的卷积神经网络模型拥有更好的非线性表达能力，可以提取更加抽象的语义特征、拟合更加复杂的特征输入，神经网络通过增加模型深度来提高模型的表达能力。但是当网络很深时，会产生梯度消失、模型退化等问题。ResNet 网络模型有很好的图像特征提取能力。2016 年，Sergey Zagoruyko 和 Nikos Komodakis 通过增加卷积层的宽度（卷积核的元素数量）能够提升网络的表现能力，增加网络深度与增加网络宽度对于提高网络的表现能力同样有效，证明了在同样的参数数量的情况下，宽的网络训练速度更快。在这个观点下提出了新的网络模型 Wide Residual Networks（WRN），在同样参数量的情况下，与"更瘦"的网络相比，拥有优秀的表现能力和更快的训练速度。WRN 网络模型可以提供更高的识别精度，它的网络结构如表 5-2 所示。

表 5-2 WRN 网络结构

层 名 称	层 大 小	输 出 尺 寸
Conv 1	3×3/1	32×128×64
Conv 2	3×3/1	32×128×64
Max Pool 3	3×3/2	32×64×32
Residual 4	3×3/1	32×64×32
Residual 5	3×3/1	32×64×32
Residual 6	3×3/2	64×32×16
Residual 7	3×3/1	64×32×16
Residual 8	3×3/2	128×16×8
Residual 9	3×3/1	128×16×8
Dense 10		128
L2 normalization		128

目标框区域及预测框区域经过卷积层、池化层和残差块后提取特征向量，计算特征向量之间的余弦相似度。

5.4.3 利用运动信息关联目标

在对目标进行实时跟踪的过程中，卡尔曼滤波器对过去时刻检测到的目标在当前时刻的运动状态进行预测，将预测结果与当前检测结果之间的马氏距离进行运动信息的关联操作，有利于处理多元数据问题，避免了使用欧氏距离时将样本的不同属性或变量之间的差别同等看待而导致分析结果易受变量量纲影响的问题。

马氏距离能够反映据的协方差距离，可以有效地衡量两个未知数据的相似度、考虑数据内在特性间的关联，并且不受量纲的影响。对于均值为 μ，协方差为 Σ 的多变量矢量 x 其马氏距离定义为式（5-18）。

$$D_M(\boldsymbol{x}) = \sqrt{(\boldsymbol{x}-\boldsymbol{\mu})^{\mathrm{T}} \boldsymbol{\Sigma}^{-1}(\boldsymbol{x}-\boldsymbol{\mu})} \qquad (5\text{-}18)$$

马氏距离也可以定义式（5-19），表示为服从同一分布且其协方差矩阵为 $\boldsymbol{\Sigma}$ 的随机变量 x 与 y 的差异程度。

$$d(\boldsymbol{x},\boldsymbol{y}) = \sqrt{(\boldsymbol{x},\boldsymbol{y})^{\mathrm{T}} \boldsymbol{\Sigma}^{-1}(\boldsymbol{x},\boldsymbol{y})} \qquad (5\text{-}19)$$

为了合并运动信息，利用式（5-20）计算预测的系统状态和新来的测量值之间的马氏距离。

$$d^{(l)}(i,j) = (\boldsymbol{d}_j - \boldsymbol{y}_i)^{\mathrm{T}} \boldsymbol{S}_i^{-1}(\boldsymbol{d}_j - \boldsymbol{y}_i) \qquad (5\text{-}20)$$

其中，$d^{(l)}(i,j)$ 表示检测框 $\boldsymbol{d}_j$ 和跟踪器 $\boldsymbol{y}_i$ 之间的运动信息匹配度；S_i 是卡尔曼滤波器预测的当前观测空间的协方差矩阵。

马氏距离利用检测框与平均轨迹位置两者间的标准偏差来衡量状态估计不确定性。在一定程度上，马氏距离可作为良好的关联度量，但从卡尔曼滤波器获得的预测状态仅能大致估计目标位置。

5.4.4 级联匹配

若一个跟踪器长时间未匹配到新的检测结果，卡尔曼滤波器的状态没有得到及时的更新，预测的不确定性大大增加，此时会产生更大的协方差。而在式（5-23）中，计算马氏距离利用了协方差的倒数，因此在卡尔曼滤波器状态长时间未更新时，马氏距离会更小，当前的检测结果更容易与长时间未更新的跟踪器成功关联。事实上跟踪器长时间未匹配到新的检测结果可能是因为该目标已经在当前图像中消失。因此，使用级联匹配来将更高的优先级赋给时间更近的跟踪器，按跟踪器未匹配成功的次数与目标检测结果进行匹配，即先将短时间内未匹配成功的跟踪器进行匹配，再匹配长时间未匹配成功的。通过对近期未匹配成功的跟踪器赋予更大的优先级，解决了长时间未匹配成功的跟踪器更容易误匹配的问题。

记录每个跟踪器最近若干次匹配成功的目标检测结果的深度外观特征，计算当前检测结果与跟踪器间深度外观特征的余弦距离即外观相似度；同时，计算卡尔曼滤波器依据上一帧对当前状态的预测结果与当前检测结果间的马氏距离即运动相似度。结合两种相似度完成当前检测结果与跟踪器间的关联。马氏距离可利用目标的运动信息，对短期的状态进行有效的预测、匹配；而余弦距离基于目标的深度外观特征，当跟踪器长时间未进行状态更新时，余弦距离比马氏距离更加有效，可为检测结果与跟踪器间的匹配提供基于外观特征的可靠依据。两个指标在运动信息与外观信息两个不同方面相互补充，共同度量目标检测结果与跟踪器间的相似性，进而实现目标跟踪。

5.5 目标跟踪算法评价指标

多目标跟踪的准确度（Multiple Object Tracking Accuracy，MOTA）是评价多目标跟

踪算法的常用指标。MOTA 将漏检数、误检数和目标位置等结合到一起，从而提供了对整个跟踪系统性能的全面评价。MOTA 可以分为两个主要部分。

1）ID Switches

ID Switches(Identity Switches)用于量化在跟踪过程中目标 ID 的切换次数。当算法错误地将两个目标的 ID 互换时，会导致 ID Switches 增加。这反映了目标 ID 的一致性和准确性。

2）MOTP

MOTP(Multiple Object Tracking Precision)是关于目标位置误差的评价指标。它通过计算所有跟踪目标的位置误差的平均值来量化跟踪的位置准确性。位置误差是预测位置与真实位置之间的欧几里得距离。MOTP 值越小，说明跟踪算法在位置预测方面越准确。

$$\mathrm{MOTP} = \frac{\sum_{i=1}^{N}\sum_{t=1}^{T}d_{it}}{\sum_{i=1}^{N}c_i} \quad (5\text{-}21)$$

其中，N 是目标数量，T 是帧数，d_{it} 是第 i 个目标在第 t 帧时的位置误差，c_i 是第 i 个目标的帧数。

$$\mathrm{MOTA} = 1 - \frac{\text{误检数} + \text{漏检数} + \text{ID Switches}}{\text{目标总数}} \quad (5\text{-}22)$$

MOTA 越高，说明算法在目标跟踪任务中表现越好。

> **小贴士**：在项目实战中，如何选择本章介绍的光流法、SORT 算法及 Deep SORT 算法？
>
> 答：SORT 算法和 Deep SORT 算法一般与目标检测算法一起使用，对于多目标跟踪的效果更好。Deep SORT 在 SORT 算法的基础上加入了深度学习的图像匹配技术，对于复杂环境的多目标跟踪有着更好的精度。SORT 算法是轻量级的算法。
>
> **小贴士**：多目标跟踪的数据集
>
> 答：MOT16 数据集是在 2016 年提出来的用于衡量多目标跟踪检测和跟踪方法标准的数据集，专门用于行人跟踪。官网地址见二维码。

5.6 Deep SORT 算法主要程序及分析

5.6.1 目标检测框的获取及坐标转换

利用目标检测算法例如 Faster R-CNN、YOLO、SSD 对待检测目标进行检测，获取目标检测框，并提供检测结果的不同形式转换方法。

```python
class Detection(object):
    """
    这个类用来保存目标检测算法的结果的位置坐标tlwh、置信度confidence和深度外观特征
    feature，并将位置坐标用不同形式表示。其中，tlwh表示目标的左上角坐标及宽高，to_tlbr
    表示将目标坐标转换为左上和右下的坐标的形式，to_xyah表示将目标坐标转换为中心坐标、宽
    高比和高度的形式。
    """
    def __init__(self, tlwh, confidence, feature):
        self.tlwh = np.asarray(tlwh, dtype=np.float)
        self.confidence = float(confidence)
        self.feature = np.asarray(feature, dtype=np.float32)

    def to_tlbr(self):
        """
        将边界框转换为格式'(min x, min y, max x, max y)'，即（左上，右下）
        """
        ret = self.tlwh.copy()
        ret[2:] += ret[:2]
        return ret

    def to_xyah(self):
        """
        将边框转换为格式（center x, center y, aspect ratio, height），其中纵横比为'width/height'
        """
        ret = self.tlwh.copy()
        ret[:2] += ret[2:] / 2
        ret[2] /= ret[3]
        return ret
```

5.6.2 卡尔曼滤波

卡尔曼滤波的主要作用：获得运动信息、过滤不匹配的数据。

```python
#vim: expandtab:ts=4:sw=4
import numpy as np
import scipy.linalg
"""
具有N个自由度的卡方分布的0.95分位数表（包含N=1, 2, …, 9的值）。
取自MATLAB/Octave的chi2inv函数，用作马氏门阈值。
"""
chi2inv95 = {
    1: 3.8415,
    2: 5.9915,
    3: 7.8147,
    4: 9.4877,
    5: 11.070,
    6: 12.592,
    7: 14.067,
    8: 15.507,
```

```
9: 16.919}
class KalmanFilter(object):
    """
        一种用于图像空间中边界盒跟踪的简单卡尔曼滤波器。8维状态空间
        x, y, a, h, vx, vy, va, vh
        包含边界框中心位置（x, y）、纵横比a、高度h及其各自的速度。
        物体运动遵循等速模型。边界盒位置（x, y, a, h）被视为状态空间的直接观测（线性
观测模型）。
    """
    def __init__(self):
        ndim, dt = 4, 1.
        #建立卡尔曼滤波模型矩阵
        self._motion_mat = np.eye(2 * ndim, 2 * ndim)
        for i in range(ndim):
            self._motion_mat[i, ndim + i] = dt
        self._update_mat = np.eye(ndim, 2 * ndim)


        #状态估计。这些权重控制模型中的不确定性
        self._std_weight_position = 1. / 20
        self._std_weight_velocity = 1. / 160
    def initiate(self, measurement):
        """
        从非关联测量创建轨迹。
        参数
        ----------
        测量: ndarray
        边界框坐标（x, y, a, h），具有中心位置（x, y）、纵横比a和高度h
        返回值
        -------
        (ndarray, ndarray)
        返回新轨迹的平均矢量（8维）和协方差矩阵（8×8维）。未观测速度初始化为0平均值。
        """
        mean_pos = measurement
        mean_vel = np.zeros_like(mean_pos)
        mean = np.r_[mean_pos, mean_vel]

        std = [
            2 * self._std_weight_position * measurement[3],
            2 * self._std_weight_position * measurement[3],
            1e-2,
            2 * self._std_weight_position * measurement[3],
            10 * self._std_weight_velocity * measurement[3],
            10 * self._std_weight_velocity * measurement[3],
            1e-5,
            10 * self._std_weight_velocity * measurement[3]]
        covariance = np.diag(np.square(std))
        return mean, covariance
```

```python
def predict(self, mean, covariance):
    """
    运行卡尔曼滤波预测步骤。
    参数
    ----------
    平均值: ndarray
    上一时间步的对象状态的 8 维平均向量。
    协方差: ndarray
    上一时间步的对象状态的 8×8 维协方差矩阵。
    返回值
    -------
    (ndarray, ndarray)
    返回预测状态的平均向量和协方差矩阵。未观测速度初始化为 0 平均值。
    """
    std_pos = [
        self._std_weight_position * mean[3],
        self._std_weight_position * mean[3],
        1e-2,
        self._std_weight_position * mean[3]]
    std_vel = [
        self._std_weight_velocity * mean[3],
        self._std_weight_velocity * mean[3],
        1e-5,
        self._std_weight_velocity * mean[3]]
    motion_cov = np.diag(np.square(np.r_[std_pos, std_vel]))

    mean = np.dot(self._motion_mat, mean)
    covariance = np.linalg.multi_dot((
        self._motion_mat, covariance, self._motion_mat.T)) + motion_cov

    return mean, covariance

def project(self, mean, covariance):
    """
    测量空间的项目状态分布。
    参数
    ----------
    平均值: ndarray
    状态的平均向量（8 维数组）。
    协方差: ndarray
    状态的协方差矩阵（8×8 维）。
    返回值
    -------
    (ndarray, ndarray)
    返回给定状态估计的投影平均值和协方差矩阵。
    """
    std = [
        self._std_weight_position * mean[3],
```

```python
            self._std_weight_position * mean[3],
            1e-1,
            self._std_weight_position * mean[3]]
        innovation_cov = np.diag(np.square(std))

        mean = np.dot(self._update_mat, mean)
        covariance = np.linalg.multi_dot((
            self._update_mat, covariance, self._update_mat.T))
        return mean, covariance + innovation_cov

    def update(self, mean, covariance, measurement):
        """
        运行卡尔曼滤波校正步骤。
        参数
        ----------
        平均值: ndarray
        预测状态的平均向量(8维)。
        协方差: ndarray
        状态的协方差矩阵(8×8维)。
        测量: ndarray
        四维测量矢量(x,y,a,h),其中(x,y)是边框的中心位置,a是纵横比,h是边框的高度。
        返回值
        -------
        (ndarray, ndarray)
        返回测量修正后的状态分布。
        """
        projected_mean, projected_cov = self.project(mean, covariance)

        chol_factor, lower = scipy.linalg.cho_factor(
            projected_cov, lower=True, check_finite=False)
        kalman_gain = scipy.linalg.cho_solve(
            (chol_factor, lower), np.dot(covariance, self._update_mat.T).T, check_finite=False).T
        innovation = measurement - projected_mean

        new_mean = mean + np.dot(innovation, kalman_gain.T)
        new_covariance = covariance - np.linalg.multi_dot((
            kalman_gain, projected_cov, kalman_gain.T))
        return new_mean, new_covariance

    def gating_distance(self, mean, covariance, measurements,
                        only_position=False):
        """
        计算状态分布和测量值之间的选通距离。
        从"chi2inv95"可以获得合适的距离阈值。如果"only_position"为False,则卡方分布有4个自由度,否则为2。
        参数
        ----------
```

```
            平均值: ndarray
            状态分布上的平均向量（8维）。
            协方差: ndarray
            状态分布的协方差（8×8维）。
            测量: ndarray
            一个N×4维矩阵，由N个测量值组成，每个测量值的格式为（x, y, a, h），其中（x,
y）是边界框的中心位置，a是纵横比，h是高度。
            唯一位置: 可选[bool]
            如果为真，则仅针对边界框中心位置进行距离计算。
            返回值
            -------
            ndarray
            返回一个长度为N的数组,其中第i个元素包含(平均值,协方差)和"measurements[i]
"之间的平方马氏距离。
            """
            mean, covariance = self.project(mean, covariance)
            if only_position:
                mean, covariance = mean[:2], covariance[:2, :2]
                measurements = measurements[:, :2]
            cholesky_factor = np.linalg.cholesky(covariance)
            d = measurements - mean
            z = scipy.linalg.solve_triangular(
                cholesky_factor, d.T, lower=True, check_finite=False,
                overwrite_b=True)
            squared_maha = np.sum(z * z, axis=0)
            return squared_maha
```

5.6.3 深度外观特征的提取

利用WRN网络模型在目标重识别数据集上离线训练残差网络模型得到权重文件，进而输出检测结果对应的128维的归一化的特征，以便计算后续的深度外观特征匹配操作，即计算特征向量之间的余弦相似度。

```
class ImageEncoder(object):
    def __init__(self, checkpoint_filename, input_name="images",
            output_name="features"):
        self.session = tf.Session()
        with tf.gfile.GFile(checkpoint_filename, "rb") as file_handle:
            graph_def = tf.GraphDef()
            graph_def.ParseFromString(file_handle.read())
        tf.import_graph_def(graph_def, name="net")
        self.input_var = tf.get_default_graph().get_tensor_by_name(
            "net/%s:0" % input_name)
        self.output_var = tf.get_default_graph().get_tensor_by_name(
            "net/%s:0" % output_name)

        assert len(self.output_var.get_shape()) == 2
```

```
        assert len(self.input_var.get_shape()) == 4
        self.feature_dim = self.output_var.get_shape().as_list()[-1]
        self.image_shape = self.input_var.get_shape().as_list()[1:]
    def __call__(self, data_x, batch_size=32):
        out = np.zeros((len(data_x), self.feature_dim), np.float32)
        _run_in_batches(
            lambda x: self.session.run(self.output_var, feed_dict=x),
            {self.input_var: data_x}, out, batch_size)
        return out
def create_box_encoder(model_filename, input_name="images",
                       output_name="features", batch_size=32):
    image_encoder = ImageEncoder(model_filename, input_name, output_name)
    image_shape = image_encoder.image_shape

    def encoder(image, boxes):
        image_patches = []
        for box in boxes:
            patch = extract_image_patch(image, box, image_shape[:2])
            if patch is None:
                print("WARNING: Failed to extract image patch: %s." % str(box))
                patch = np.random.uniform(
                    0., 255., image_shape).astype(np.uint8)
            image_patches.append(patch)
        image_patches = np.asarray(image_patches)
        return image_encoder(image_patches, batch_size)

    return encoder
```

5.6.4 匹配

_match()函数将检测结果 detections 与跟踪预测结果 tracks 进行匹配，将检测结果和跟踪结果分为成功匹配的 tracks 和 detections，未成功匹配的 tracks 和未成功匹配的 detections。

```
def _match(self, detections):
# 主要功能是检测结果和跟踪结果分为成功匹配的 tracks 和 detections，未成功匹配的
tracks 和未成功匹配的 detections
    def gated_metric(tracks, dets, track_indices, detection_indices):
        #功能：用于计算 track 和 detection 之间的距离，代价函数

        features = np.array([dets[i].feature for i in detection_indices])
        targets = np.array([tracks[i].track_id for i in track_indices])

        #1. 通过最近邻计算出代价矩阵 cosine distance
        cost_matrix = self.metric.distance(features, targets)

        #2. 计算马氏距离,得到新的状态矩阵
        cost_matrix = linear_assignment.gate_cost_matrix(
            self.kf, cost_matrix, tracks, dets, track_indices,
```

```
            detection_indices)
        return cost_matrix
#划分跟踪预测结果tracks的不同状态
    confirmed_tracks=[I for i, t in enumerate(self.tracks) if t.is_
confirmed()]
    unconfirmed_tracks = [
        i for i, t in enumerate(self.tracks) if not t.is_confirmed()]
#对确定态的轨迹confirmed_tracks与当前的检测结果detections进行级联匹配,得到匹
配的tracks和detections、不匹配的tracks、不匹配的detections
    matches_a, unmatched_tracks_a, unmatched_detections = \
        linear_assignment.matching_cascade(
            gated_metric,
            self.metric.matching_threshold,
            self.max_age,
            self.tracks,
            detections,
            confirmed_tracks)
#将所有状态为未确定态的轨迹和刚刚没有匹配上的轨迹组合为iou_track_ candidates
#进行IoU的匹配
    iou_track_candidates = unconfirmed_tracks + [
        k for k in unmatched_tracks_a
        if self.tracks[k].time_since_update == 1  #刚刚没有匹配上
    ]
#未匹配
    unmatched_tracks_a = [
        k for k in unmatched_tracks_a
        if self.tracks[k].time_since_update != 1  #已经很久没有匹配上
    ]
#对级联匹配中还未匹配成功的目标再进行IoU匹配
    matches_b, unmatched_tracks_b, unmatched_detections = \
        linear_assignment.min_cost_matching(
            iou_matching.iou_cost,
            self.max_iou_distance,
            self.tracks,
            detections,
            iou_track_candidates,
            unmatched_detections)

    matches = matches_a + matches_b   # 组合两部分match得到的结果
    unmatched_tracks=list(set(unmatched_tracks_a + unmatched_tracks_b))
return matches, unmatched_tracks, unmatched_detections
```

5.6.5 后续处理

对于成功匹配的tracks和detections,依据检测结果detections对tracks进行状态更新,参数更新完成之后,特征插入追踪器特征集,对应参数进行重新初始化。

```
self.features.append(detection.feature)
self.hits += 1
self.time_since_update = 0 #重置为0
#满足条件时确认追踪器
if self.state == TrackState.Tentative and self.hits >= self.n_init:
    self.state = TrackState.Confirmed
```

对于未匹配的 tracks 表示虽然预测到了新的位置，但是检测框匹配不上，根据 tracks 的状态对其进行处理。

```
#待定状态的追踪器直接删除
  if self.state == TrackState.Tentative:
      self.state = TrackState.Deleted
  
  #已经是confirm状态的追踪器，虽然连续多帧对目标进行了预测
  #但中间过程中没有任何一帧能够实现与检测结果的关联，说明目标
  #可能已经移除了画面，此时直接设置追踪器为待删除状态
  elif self.time_since_update > self._max_age:
      self.state = TrackState.Deleted
```

没有匹配上的检测，说明是出现了新的待跟踪目标，此时初始化一个新的 Kalman 滤波器及新的追踪器。

```
#根据初始检测位置初始化新的 kalman 滤波器的 mean 和 covariance
mean, covariance = self.kf.initiate(detection.to_xyah())
#初始化一个新的 tracker
self.tracks.append(Track(
          mean, covariance, self._next_id, self.n_init, self.max_age,
          detection.feature))

#Tracker 的构造函数
self.mean = mean #初始的 mean
self.covariance = covariance #初始的 covariance
self.track_id = track_id #id
self.hits = 1
self.age = 1
self.time_since_update = 0 #初始值为0

self.state = TrackState.Tentative #初始为待定状态
self.features = []
if feature is not None:
self.features.append(feature) #特征入库

self._n_init = n_init
self._max_age = max_age
self._next_id += 1 #总的目标id++
```

删除待删除状态的追踪器，更新留下来的追踪器的特征集。

```
self.tracks = [t for t in self.tracks if not t.is_deleted()]
```

```
#每个activate的追踪器保留最近的self.budget条特征
for feature, target in zip(features, targets):
    self.samples.setdefault(target, []).append(feature)
if self.budget is not None:
    self.samples[target] = self.samples[target][-self.budget:]
#以dict的形式插入总库
self.samples = {k: self.samples[k] for k in active_targets}
```

5.7 本章小结

本章主要介绍了目标跟踪的主要算法。主要针对多目标跟踪算法 SORT 算法和 Deep SORT 算法进行分析，并提供了 Deep SORT 的相关代码。在多目标跟踪问题中，算法需要根据每一帧图像中的目标检测结果，匹配已有的目标轨迹；对于新出现的目标，需要生成新的目标；对于已经离开摄像机视野的目标，需要终止轨迹的跟踪。

5.8 习题

1. 目标跟踪的作用是什么？多目标跟踪用于哪些方面？
2. SORT 算法与 Deep SORT 算法的主要区别在哪里？Deep SORT 算法的主要优势有哪些？
3. 请介绍目标跟踪的评价指标，并试用 Python 实现。

第 6 章

OCR 文字识别

微课视频

利用计算机自动识别字符的技术是计算机视觉技术的重要应用。人们在生产和生活中,要处理大量的文字、报表和文本。为了减轻工作量,提高文字处理效率,从 20 世纪 50 年代起就开始探讨文字识别的方法,并研制出了光学字符识别器。文字识别在许多领域都有着重要的应用,例如阅读、翻译、文献资料的检索、信件和包裹的分拣、稿件的编辑和校对、统计报表和卡片的汇总与分析、银行支票的处理、商品发票的统计汇总、商品编码的识别、商品仓库的管理,以及水、电、煤气、房租、人身保险等费用的征收业务中信用卡片的自动处理和办公室打字员工作的局部自动化等,总而言之,文字识别技术的应用可以提高各行各业的工作效率。

本章学习目标

- OCR 文字识别的概念
- 基于深度学习的文字检测的主要算法
- 基于深度学习的文字识别的主要算法
- 文字检测与识别的代码实现

6.1 OCR 文字识别的概念

OCR(Optical Character Recognition)图像文字识别是人工智能的重要分支,赋予计算机人眼的功能,使其可以看图识字。如图 6-1 所示,图像文字识别系统流程一般分为图像采集、文字检测、文字识别及结果输出四部分。本章将对文字检测及文字识别部分进行重点介绍。

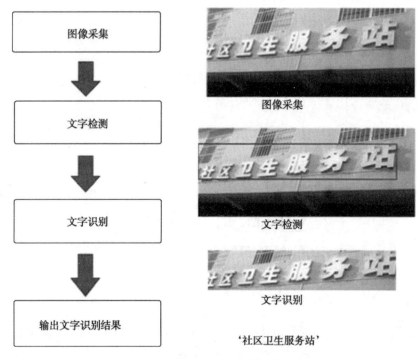

图 6-1 图像文字识别系统流程图

6.2 文字检测

6.2.1 传统的文字检测算法

输入一张文字图像，传统的文字检测算法将文字检测出来，要有图像预处理和文字行提取两个阶段。其中图像预处理包括几何校正、模糊校正、二值化等；文字行提取是基于版面分析获取文字行区域。

预处理之后即可进行文字识别。文字行识别主要有基于切分的文字识别和不依赖切分的文字识别这两种方法。基于切分的文字识别方法需要先将文字行切分成单字，然后提取文字的方向梯度直方图或者通过卷积神经网络得到的特征信息，最后将提取的特征送入 AdaBoost、SVM 等分类器中进行识别；而不依赖于切分的文字识别方法能够对文本行直接进行识别，无须切分处理，主要包括基于滑窗的文字识别方法和基于序列的文字识别方法。

6.2.2 基于深度学习的文字检测算法

基于深度学习的文本检测，通常遵循第 3 章介绍的目标检测的经典算法 R-CNN（Regions with CNN features）网络框架。首先提取可能包含有文本的候选区域，之后利用卷积神经网络将其分类为文本或非文本区域，并通过回归的方式校正文本区域的坐标位置信息。在可检测多方向文本的旋转候选区域网络中，使用了 Faster-RCNN 网络，为了可以同时检测任意方向的文本，作者提出了用旋转候选区域来代替轴对齐矩形框的方法。CTPN（Connectionist Text Proposal Network）算法是在 Faster R-CNN 的基础上进行的改进，是一种很流行的文字检测算法，它提出了垂直锚点机制，可以联合预测固定宽度候选框位置处的文本或非文本概率，在细粒度上精确预测出文本位置。这种算法的优点是检测准确率较高，对稍有倾斜的文本也可以达到较好的检测效果。EAST（An efficient and Accurate Scene Text Detector）模型是一种基于锚点机制固定框预测方法的变体，作者提出了一种高度简化的流水线模型，可以在自然场景中快速检测出文本行所在位置，对于倾斜文本检测效果较好。但是，在字符间隔较大的和有较长的文本行存在的情况下，该算法难以合并成一个文本框，从而丢失上下文语义联系，在进行字符识别时需要将分断的文本连接起来，大大增加了文本识别的难度。SegLink 文本检测算法，借鉴了 SSD 目标检测算法的思想，并在文本框的参数中增加了角度信息，可以定位不同倾斜角度的文本行。该网络在训练过程中不仅学习了每个候选框的坐标、角度参数信息，也学习了各个候选框之间的连接关系，来确定不同候选框是否属于同一个字符，其缺点同样是难以预测较长的文本行。

基于图像分割的检测方法，较为典型的有 CRAFT（Character Region Awareness for Text Detection）算法，利用了图像分割的方法，与普通的图像分割不同的是，CRAFT 不是对整个图像的进行像素级分割，它将一个字符视为一个检测目标，而不是一个字段，即不把文本框当作目标。所以，CRAFT 先检测单个字符及字符间的连接关系，然后根据字符间的连接关系确定最终的文本行。这样做的好处在于可以用较小的感受野预测长文本。只需要关注字符级别的内容，而不需要关注整个文本实例。CRAFT 可用于处理任意方向文本、曲线文本、畸变文本等。该方法的优点在于：①对尺度变换具有较好的鲁棒性；②速度快、精度高。

CTPN 和 CRAFT 是目前最流行的两种文本检测算法，下面将着重介绍 CTPN 和 CRAFT 两种文本检测算法。

1. 基于 CTPN 的文本检测算法

CTPN 算法是在目标检测算法 Faster R-CNN 模型上改进的算法。CTPN 网络结构本质上是全卷积神经网络，通过在卷积特征图上以固定步长的滑动窗口检测文本行，输出细粒度文本候选框序列。文本检测的难点在于文本的长度是不固定的，可以是很长的文本，也可以是很短的文本。如果采用通用目标检测的方法，将会面临如何生成好的目标候选区域的问题。CTPN 针对文字检测的特点，提出了关键性的创新，即提出了垂直锚点机制。具体的做法是只预测文本的竖直方向上的位置，水平方向的位置不预测，与 Faster R-CNN 中的锚点类似。但是不同的是，垂直锚点的宽度是固定的 16 像素，而高度则从 11 像素到 273 像素变化，检测得到细粒度的文字检测结果。采用 RNN 循环网络将检测的小尺度文本进行连接，得到需要的文本框。

如图 6-2 所示，CTPN 结构与 Faster R-CNN 基本相似，但是加入了 LSTM 层。首先将原图片输入 VGG-16 卷积神经网络的前五个卷积层，在第五层卷积层进行了卷积操作后，特征图输入到双向 LSTM 中，之后将双向 LSTM 层连接到 512 维的全连接层，再将全连接层特征输入到三个分类器中来预测候选框的文本或非文本分数、坐标信息以及文本框边缘调整补偿值。最后通过文本线将多个候选框构造成一个文本框。

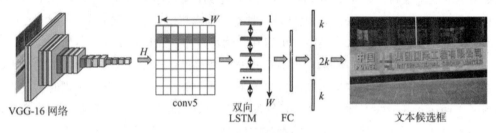

图 6-2　CTPN 网络结构

文本行细粒度候选框如图 6-3 所示，需要将细粒度的框连接成为文本行再进行文字识别。而同一文本行中的不同字符具有一定的依赖关系，可以互相利用上下文信息，通过提取文本序列的上下文特征，能更好地区分文字区域和非文字区域。同时，使用滑动窗口在特征图上进行检测，文本行由多个细粒度候选框组成，而单独预测每个候选框容易产生误检或漏检，如果充分利用序列上下文信息可以有效避免上述情况的发生。因此，可以使用对序列处理的方法如循环神经网络（Recurrent Neural Network, RNN）等。

图 6-3　CTPN 算法文本行细粒度候选框

长短时记忆网络（Long Short Term Memory, LSTM）是一种特殊的循环神经网络，可以在隐藏层中对序列信息进行循环编码，如图 6-4 所示。RNN 在训练时会出现梯度消失的问题，且只能存储短期记忆。LSTM 则通过门控制将实现了长期记忆的功能，并且一定程度上解决了梯度消失的问题。

在文本行检测任务中，由于某一字符的预测值和该字符之前的字符以及该字符之后的字符都存在序列关系，若同时考虑这两者信息会使当前预测值更加准确。因此 CTPN

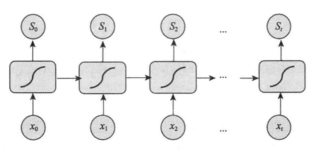

图 6-4　LSTM 结构示意图

网络架构使用了由正向和反向组成的双向 LSTM 网络,对序列信息的两个方向循环编码,同时获取上下文信息。每个 LSTM 输出 128 维特征,双向 LSTM 输出 2 个 128 维级联成 256 维特征。

在得到细粒度候选框之后,需要将其连接成一个文本行。主要需要将相邻两个文本概率分数大于一定阈值(例如 0.7)的候选框合并成一个框。k_i 和 k_j 两个候选框判断可以合并,需同时满足以下三个条件:① k_i 和 k_j 相邻;② k_i 和 k_j 水平距离小于距离阈值(例如 50 像素);③ k_i 和 k_j 两个候选框垂直方向重叠部分大于重叠阈值(例如 0.7)。最后,通过顺序连接可以合并的候选框来构建文本框。

通过上述条件确定了一个文本行由哪几个候选框组成后,需要绘制一个文本框覆盖细粒度的候选框。首先根据每个候选框的左上角坐标,使用最小二乘法拟合一条直线 $y_1 = k_1 x + b_1$,再根据每个候选框的左下角坐标,拟合出直线 $y_2 = k_2 x + b_2$。随后,根据最左侧和最右侧两个候选框的竖直边界的延长线与 y_1 和 y_2 两直线相交于 A、B、C、D 四点,记四个点的纵坐标分别为 y_a、y_b、y_c、y_d。候选框左侧边界横坐标记为 x_0,右侧边界横坐标为记 x_1。最终,所绘制的文本框如图 6-5 中矩形 $ABCD$ 所示。文本框 A 坐标为 $[(x_0, \max(y_a, y_d))]$,C 坐标为 $[x_1, \min(y_b, y_c)]$。其中,$\max(y_a, y_d)$ 表示 y_a 与 y_d 中的最大值,$\min(y_b, y_c)$ 表示 y_b 与 y_c 中的最小值。使用 CTPN 算法检测自然场景图像中文本行所绘制的文本框如图 6-6 中矩形所示。

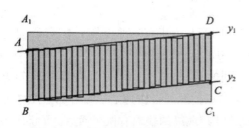

图 6-5　细粒度候选框构建文本框

图 6-6　CTPN 算法检测结果

在水平方向上,图像被分成多个宽度为 16 像素的细粒度候选框,当水平方向左右两侧的候选框没有完全覆盖真实文本行区域,或者有些候选框由于得分较低被删除时,会导致文本行定位不准确。为解决这个问题,提出了一种边界框边缘修正的方法,通过训练可以精确预测文本框左右两侧候选框的偏移量，其相对偏移量计算式如式（6-1）和式（6-2）所示。

$$o = (x_{\text{side}} - x_{\text{center}})/w \qquad (6\text{-}1)$$

$$o^* = (x^*_{\text{side}} - x_{\text{center}})/w \qquad (6\text{-}2)$$

其中，x_{side}是回归出来的左边界或右边界；x^*_{side}是真实坐标值；x_{center}是锚点中心x坐标值；w是锚点宽度为16像素大小。经过边缘修正之后，进一步提高了检测精度，在SWT和Multi-Lingual数据集的上测试效果提升了2%。

> **小贴士：如何理解CTPN？**
>
> 答：CTPN可以这样理解，由类Faster-RCNN算法检测出有文字的颗粒度框（如图6-2的绿色小框所示），再利用LSTM等循环神经网络模型将颗粒度框连接成关条形的候选框，作为文本检测的结果（如图6-6所示）。

2. 基于CRAFT算法的文本检测算法

CRAFT算法实现文本行的检测如图6-7所示。首先将完整的文字区域输入CRAFT文字检测网络，得到字符级的文字得分结果热图（Text Score）和字符级文本连接得分热图（Link Score），最后根据连通域得到每个文本行的位置。

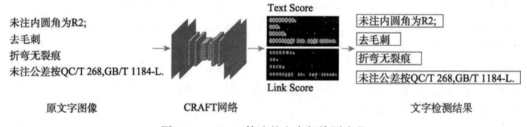

图6-7　CTAFT算法的文本行检测流程

CRAFT算法通过探索每个字符和字符之间的亲和力来有效地检测文本区域。通过学习中间模型估计真实图像的字符级标签，并利用了合成图像的给定字符级注释，克服了缺乏单个字符级注释的缺点。为了估计字符之间的亲和力，使用关联性表示来训练网络。其网络框架如图6-8所示，基于VGG-BN的全卷积神经网络作为主干网络。CRAFT模型在解码部分用了类似于图像分割U-net算法的结构。最终的输出有两个通道：文字区域分数（Region Score）和连接分数（Affinity Score）。

网络输出文字区域分数和连接之后，下面就要把字符区域合成文本行。首先通过阈值过滤文字区域分数，进行二值化，然后通过连通域分析算法，得到最终的文本行。

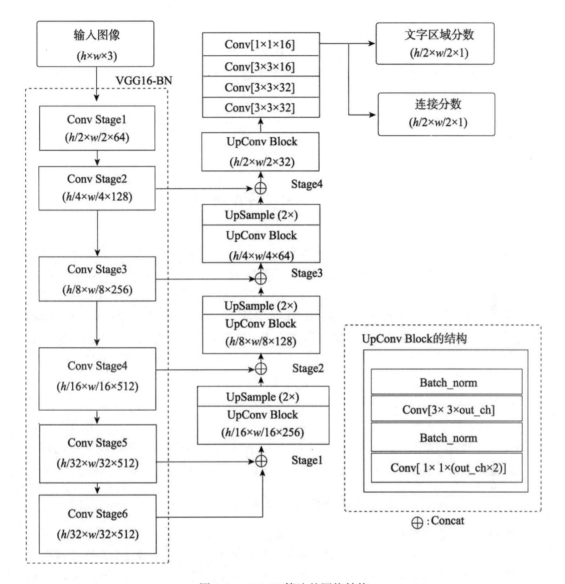

图 6-8　CTAFT 算法的网络结构

> **小贴士：如何评价 CTPN 和 CRAFT 两种文字检测算法？**
>
> 答：CRAFT 算法使用的是类图像分割网络 U-Net 模型，其实就是利用了图像分割的思想来完成文字检测的任务。通过修改 U-Net 模型结构，使其输出两种分割结果：一种是文字区域的图像分割结果（如图 6-7 的 Text-Score 部分）；另一种是文本连接度的图像分割结果（如图 6-7 的 Link-Score 部分），两部分合并得到文本检测的结果（如图 6-7 的红框所示）。
>
> CTPN 是基于目标检测的原理，CRAFT 利用了图像分割的思想。从文字检测速度的

角度，由于 CTPN 用的是 Faster R-CNN 算法，作者提供的源码中在 Faster R-CNN 算法后连接颗粒度候选框的过程中，很多操作是在 CPU 上完成的，导致 CTPN 的目标检测速度较慢。而 CRAFT 修改了 U-Net 模型结构，从 U-Net 得到结果后直接合并，通过二值化处理便完成文字检测任务。在 CPU 上完成的工作十分简洁，这样提高了文字检测的处理速度。从文字检测的精度来看，图像分割算法是像素级的，对于不规则的文本而言会有更好的检测效果。

6.3 文字识别算法

卷积神经网络（Convolutional Neural Networks, CNN）是图像识别的主要方法，也同样适用于字符的识别。但文本识别不同于其他的图像识别，文本行的字符间是一个序列，彼此之间有一定的关系，同一文本行上的不同字符可以互相利用上下文信息。因此，可以采用处理序列的方法例如循环神经网络（Recurrent Neural Network, RNN）来表示。CNN 和 RNN 两种网络相结合可以提高识别精度，CNN 用来提取图像的深度特征，RNN 用来对序列的特征进行识别，以符合文本序列的性质，从而形成统一的端到端可训练模型。

综上所述，本节将介绍 DenseNet + LSTM + CTC 的结合方式，将特征提取、序列预测和解码集成到一个统一的网络模型中。对于输入的文本图像，首先使用 DenseNet 卷积神经网络提取序列特征。在卷积网络之后建立 LSTM 循环神经网络，用于对由卷积层输出的特征序列进行预测。最后，通过 CTC 解码机制将 LSTM 网络输出的预测序列映射为相应的字符序列并输出。文本识别部分的网络结构如图 6-9 所示。

6.3.1 基于 DenseNet 网络模型的序列特征提取

卷积神经网络是目标识别的主要方法，随着计算机硬件性能的不断提高，神经网络的层数也不断加深。但是，当网络层数越来越多时，在输入信息和梯度信息在隐藏层之间传递过程中会出现梯度消失的情况，造成分类准确率下降。DenseNet（Dense Convolutional Network）是一种有效的图像识别算法。该网络的优点在于减轻了深层网络梯度消失问题，增强了特征图的传播利用率，减少了模型参数量。在 ResNet 的基础上进一步加强了特征图之间的连接，构造了一种具有密集连接方式的卷积神经网络。

DenseNet 网络模型的核心组成部件是密集连接模块（Dense Block），这个模块中任意两层之间均直接地连接，即网络中的第一层，第二层，…，第 L–1 层的输出都会作为第 L 层的输入，同时第 L 层的特征图也会直接传递给后面所有层作为输入，该模块结构示意图如图 6-10 所示。

文字识别中经常采用的 DenseNet 网络模型共 23 层，由卷积层、池化层、激励层和密集连接模块组成。密集连接模块的设计包含 6 层结构相同的卷积层，卷积核大小为 3×3，通道数为 64（第一个卷积层输出的，即输入层的通道数），步长为 1。增长率 k 设为 8，

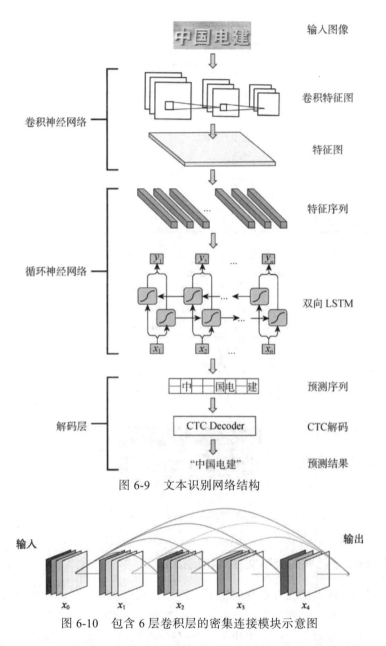

图 6-9 文本识别网络结构

图 6-10 包含 6 层卷积层的密集连接模块示意图

表示模块中每层输出的特征图个数,特征图每经过一层其通道数均有所增加,则第 L 层特征图的通道数为 $k_0+(L-1)\times k$,其中 k_0 是输入层的通道数。

由于每个密集连接模块输出的特征图数量较多,如果都输入到下一层,将会极大地增加神经网络的参数,因此在相邻两个密集连接模块之间由 1×1 的卷积层和 2×2 的平均池化层组成,作为转换模块,减小特征图尺寸,降低维度,增强拟合能力。本章 DenseNet 网络模型参数设置如表 6-1 所示。

卷积层的作用在于可以将输入的文本图像转化为序列特征。首先将图像缩放至适合卷积网络模型处理的长宽大小,以保证模型输出的序列特征具有相同的尺寸,便于后续

表 6-1　DenseNet 网络模型详细参数

名　称	卷积核大小	步　长	通道数	填　充
卷积层	5×5	2	64	2
密集连接模块（卷积层×6）	3×3	1	64	1
卷积层	1×1	1	64	1
池化层	2×2	2	—	—
密集连接模块（卷积层×6）	3×3	1	64	1
卷积层	1×1	1	64	1
池化层	2×2	2	—	—
密集连接模块（卷积层×6）	3×3	1	64	1

处理。序列特征的每一个特征向量通过滑动窗口从左向右滑动来提取。序列特征的每一列对应着输入图像的一个矩形区域，并且保持一一对应关系。图 6-11 所示为提取序列特征示意图。

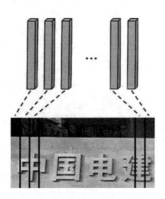

图 6-11　卷积神经网络提取序列特征示意图

6.3.2　基于 LSTM 结构的上下文序列特征提取

文本行是一个序列，含有丰富的上下文信息，同一文本行中的不同字符可以互相利用上下文信息，这对于字符的识别具有重要的影响，一些模糊的字符在观察其上下文时更容易区分。在卷积网络之后，构建了一个循环网络，用于提取文本序列的上下文序列特征。

文本识别网络模型中 RNN 部分采用的是 LSTM 网络。LSTM 网络是一种特殊的循环神经网络，其内部结构包含有输入门、遗忘门和输出门，可以实现信息的选择性通过。由于单向 LSTM 只能保留某个字符之前的信息，而双向 LSTM 能在访问之前信息的同时，访问字符之后的信息，故能从正、反两个方向提取文本行中的语义信息，有助于文本行识别任务。因此，双向 LSTM 可以同时处理上文和下文信息来提取上下文序列特征。双向 LSTM 结构如图 6-12 所示。其中，x 表示输入序列，s 表示输出序列。

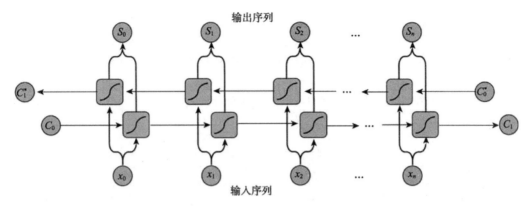

图 6-12 双向 LSTM 结构图

双向 LSTM 网络输入层共有 256 个神经元，输入维度为 256，将每个序列特征同时输入到正向和反向的 LSTM 网络中，输出维度为同一时刻正向和反向 LSTM 提取的序列特征维度之和，即 512 维，之后使用 softmax 函数进行分类。最终得到预测序列。

6.3.3 字符序列的解码方式

在文本识别网络模型中，LSTM 输出的序列中的字符要与标签中字符的位置一一对应，若使用 softmax 函数作为损失函数进行训练，训练网络参数时需要在图像上标注出每个字符的位置信息，使用手工标注对齐样本工作量非常大。所以需要解码使字符位置一一对应。本章介绍两种常用的解码机制。

1. 基于 CTC 解码机制

CTC（Connectionist Temporal Classification）机制常用于文字识别系统，解决序列标注问题中输入标签与输出标签的对齐问题，通过映射函数将其转换为预测序列，无须数据对齐处理，减少了工作量，被广泛用于图像文本识别的损失函数计算，多用于网络参数的优化。

CTC 算法扩展了标签字符集合，增加了空白元素，在使用扩展后的标签对输入序列标注后，通过映射函数将其转换为预测序列。CTC 机制中损失函数的目标函数就是将预测序列的概率之和最大化。设标签中的字符集合为 A，集合中共包含 6000 个字符，扩展后字符集合中增加一个空白字符，即 $A' = A \cup \{blank\}$，y_k^t 为 t 时刻输出元素 k 的概率，A' 表示在 A' 集合上的所有长度为 T 的序列集合。这里定义一个 F 变换，对预测序列进行变换，变换为真实标签序列（如下例中的"power"，'_'表示空白元素）：

$$F(\_\_pp\_o\_\_wee\_\_r) = power$$

$$F(\_p\_oo\_\_ww\_e\_r) = power$$

$$F(pp\_\_o\_w\_\_e\_rrr) = power$$

假设每一时刻的输出与其他时刻输出相互独立，那么可以得到在给定输入 x 后，得

到 A'^T 集合中任何一条序列路径 π 的概率分布（$\pi \in A'^T$）为

$$p(\pi|x) = \prod_{t=1}^{T} y_{\pi_t}^t \qquad (6\text{-}3)$$

其中，下标 π_t 表示输出序列在 t 时刻选取的元素对应的索引序号。由此可得多条路径对应的标签序列 d 的概率可表示为

$$p(d|x) = \sum_{\pi \in F^{-1}(d)} p(\pi|x) \qquad (6\text{-}4)$$

接下来对元素求导即可得与概率 y_k^t 相关的路径。如式（6-5）所示，求解过程中使用前后向算法，可以大大减少计算量。这样对输入序列 y 求导之后，再根据 y 对网络中的权重进行链式求导，可以使用梯度下降法更新参数。

$$\frac{\partial p(d|x)}{\partial y_k^t} = \frac{\partial \sum_{F(\pi)=d,\,\pi_t=k} p(\pi|x)}{\partial y_k^t} \qquad (6\text{-}5)$$

解码是模型在做预测的过程中将 LSTM 输出的预测序列通过分类器转换为标签序列的过程，示意图如图 6-13 所示。解码过程中的分类方式为最优路径解码（Best Path Decoding），输出计算概率最大的一条路径作为最终的预测序列，即在每个时间点（如图 6-14 中 $t=1,2,\cdots,T$）输出概率最大的字符，如图 6-14 所示。

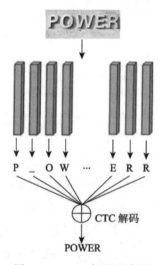

图 6-13　CTC 解码示意图

2. Attention 模型注意力机制解码方式

注意力机制被广泛用于序列处理 Seq2Seq 任务中。注意力模型借鉴了人类视觉的选择性注意力机制，其核心目标是从众多信息中选出对当前任务目标来说重要的信息，忽略其他不重要的信息。

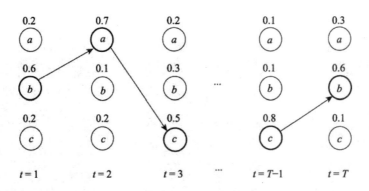

图 6-14 最优路径解码过程示意图

对含有文本的图片而言，文本识别输出结果的顺序取决于文本行中字符的前后位置信息。引入注意力机制可以起到定位的作用，从而突出字符的位置信息，解决序列对齐问题，因此不需要标注文本的位置。

Attention 模型的原理是计算当前输入序列与输出序列的匹配程度，在产生每一个输出时，会充分利用输入序列上下文信息，对同一序列中的不同字符赋予不同的权重；也就是说，在生成每个字符 y_i 时，会根据当前字符使用不同的中间语义 c_i。如图 6-15 所示，Attention 模型不要求编码器将所有的输入信息都编码进一个固定长度的向量中；相反，编码器需要将输入信息编码成一个向量序列 c。在解码时，每一步都会选择性地从向量序列中挑选一个子集进行进一步处理。

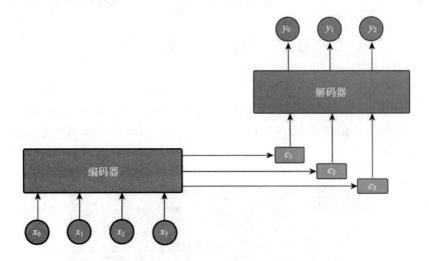

图 6-15 引入注意力模型的编解码框架

使用上述模型对部分真实文本图片的识别效果如表 6-2 所示。对于大部分文本图片识别准确率较高，少部分图片出现了漏检和误检的情况。可以看出，在我们的数据库里，使用 CTC 机制的识别效果更好。

表 6-2　部分样本的识别结果

真实样本	CTC 机制识别结果	Attention 机制识别结果
JOINT	JOINT	JOINT
PAIN	PAIN	PAIN
Wat	wai	wai
OILETRIES	ColEtAES	ColEt
禁止吸烟	禁止吸烟	禁止吸烟
No Smoking	NoSmoking	NoSmoking
SHOP	SHOP	SHOP
献一份爱心	献一份爱心	献一份爱心
多一分绿色	多一分绿色	多一分绿色
MAINTENANCE	MAINHrENANcE	MAINHrENANcE
Reserved	Reserve	Reserve
曙光街道办事处	明光街道办事处	著光街道办事处
Seating	Seating	Seating
展示中心由此向前	展示中心由此向前	展示中心由此向前
顾客止步	顾客止	顾客止

6.4　项目实战

MSRA-TD500 数据集共包含 500 张自然场景图像，其分辨率在 1296×864 至 920×1280 之间，涵盖了室内商场、标识牌、室外街道、广告牌等场景，文本包含中文和英文，字体、大小和倾斜方向均有差异，部分数据集图像如图 6-17 所示。下载地址见二维码。

图 6-16　MSRA-TD500 数据集部分测试图像

6.4.1 CRAFT 模型搭建

```python
class CRAFT(nn.Module):
    def __init__(self, pretrained=False, freeze=False):
        super(CRAFT, self).__init__()
# 定义基本网络
        self.basenet = vgg16_bn(pretrained, freeze)
# U-Net 网络结构
        self.upconv1 = double_conv(1024, 512, 256)
        self.upconv2 = double_conv(512, 256, 128)
        self.upconv3 = double_conv(256, 128, 64)
        self.upconv4 = double_conv(128, 64, 32)

        num_class = 2
        self.conv_cls = nn.Sequential(
            nn.Conv2d(32, 32, kernel_size=3, padding=1),
            nn.ReLU(inplace=True),
            nn.Conv2d(32, 32, kernel_size=3, padding=1),
            nn.ReLU(inplace=True),
            nn.Conv2d(32, 16, kernel_size=3, padding=1),
            nn.ReLU(inplace=True),
            nn.Conv2d(16, 16, kernel_size=1),
            nn.ReLU(inplace=True),
            nn.Conv2d(16, num_class, kernel_size=1),
        )

        init_weights(self.upconv1.modules())
        init_weights(self.upconv2.modules())
        init_weights(self.upconv3.modules())
        init_weights(self.upconv4.modules())
        init_weights(self.conv_cls.modules())

    def forward(self, x):

        sources = self.basenet(x)
# U-net 网络结构
        y = torch.cat([sources[0], sources[1]], dim=1)

        y = self.upconv1(y)

        y = F.interpolate(y, size=sources[2].size()[2:], mode='bilinear', align_corners=False)
        y = torch.cat([y, sources[2]], dim=1)
        y = self.upconv2(y)

        y = F.interpolate(y, size=sources[3].size()[2:], mode='bilinear', align_corners=False)
        y = torch.cat([y, sources[3]], dim=1)
        y = self.upconv3(y)

        y = F.interpolate(y, size=sources[4].size()[2:], mode='bilinear', align_corners=False)
        y = torch.cat([y, sources[4]], dim=1)

        feature = self.upconv4(y)
```

```python
        y = self.conv_cls(feature)
        return y.permute(0, 2, 3, 1), feature
```

6.4.2 CRNN 模型搭建

```python
def build_model(alphabet, height, width, color, filters, rnn_units,
dropout, rnn_steps_to_discard,pool_size, stn=True):
    assert len(filters) == 7, '7 CNN filters must be provided.'
    assert len(rnn_units) == 2, '2 RNN filters must be provided.'
    inputs = keras.layers.Input((height, width, 3 if color else 1))
    x = keras.layers.Permute((2, 1, 3))(inputs)
    x = keras.layers.Lambda(lambda x: x[:, :, ::-1])(x)
#构建 CNN 部分
    x=keras.layers.Conv2D(filters[0],(3,3),activation='relu',padding=
'same', name='conv_1')(x)
    x=keras.layers.Conv2D(filters[1],(3,3),activation='relu',padding=
'same', name='conv_2')(x)
    x=keras.layers.Conv2D(filters[2],(3,3),activation='relu',padding=
'same', name='conv_3')(x)
    x=keras.layers.BatchNormalization(name='bn_3')(x)
    x=keras.layers.MaxPooling2D(pool_size=(pool_size,pool_size), name=
'maxpool_3')(x)
    x=keras.layers.Conv2D(filters[3],(3,3),activation='relu', padding=
'same', name='conv_4')(x)
    x=keras.layers.Conv2D(filters[4],(3,3),activation='relu', padding=
'same', name='conv_5')(x)
    x=keras.layers.BatchNormalization(name='bn_5')(x)
    x=keras.layers.MaxPooling2D(pool_size=(pool_size,   pool_size),
name='maxpool_5')(x)
    x=keras.layers.Conv2D(filters[5],(3,3),activation='relu',padding=
'same', name='conv_6')(x)
    x=keras.layers.Conv2D(filters[6],(3,3),activation='relu',padding=
'same', name='conv_7')(x)
    x = keras.layers.BatchNormalization(name='bn_7')(x)
    if stn:
        stn_input_output_shape=(width//pool_size**2,height// pool_size**2,
filters[6])
        stn_input_layer = keras.layers.Input(shape=stn_input_output_shape)
        locnet_y = keras.layers.Conv2D(16, (5, 5), padding='same',
                             activation='relu')(stn_input_layer)
        locnet_y = keras.layers.Conv2D(32, (5, 5), padding='same', ac-
tivation='relu')(locnet_y)
        locnet_y = keras.layers.Flatten()(locnet_y)
        locnet_y = keras.layers.Dense(64, activation='relu')(locnet_y)
        locnet_y = keras.layers.Dense(6,
                             weights=[
                                 np.zeros((64, 6), dtype='float32'),
                                 np.float32([[1, 0, 0], [0, 1, 0]]).
                             flatten() ])(locnet_y)
        localization_net=keras.models.Model(inputs=stn_input_layer,
```

```python
outputs=locnet_y)
    x=keras.layers.Lambda(_transform,output_shape=stn_input_output_shape)([x, localization_net(x)])
    x = keras.layers.Reshape(target_shape=(width // pool_size**2,(height // pool_size**2) * filters [-1]), name='reshape')(x)
    #构建RNN部分，双向LSTM
    x = keras.layers.Dense(rnn_units[0], activation='relu', name='fc_9')(x)
    rnn_1_forward = keras.layers.LSTM(rnn_units[0],
                             kernel_initializer="he_normal",
                             return_sequences=True,
                             name='lstm_10')(x)
    rnn_1_back = keras.layers.LSTM(rnn_units[0],
                             kernel_initializer="he_normal",
                             go_backwards=True,
                             return_sequences=True,
                             name='lstm_10_back')(x)
    rnn_1_add = keras.layers.Add()([rnn_1_forward, rnn_1_back])
    rnn_2_forward = keras.layers.LSTM(rnn_units[1],
                             kernel_initializer="he_normal",
                             return_sequences=True,
                             name='lstm_11')(rnn_1_add)
    rnn_2_back = keras.layers.LSTM(rnn_units[1],
                             kernel_initializer="he_normal",
                             go_backwards=True,
                             return_sequences=True,
                             name='lstm_11_back')(rnn_1_add)
    x = keras.layers.Concatenate()([rnn_2_forward, rnn_2_back])
    backbone = keras.models.Model(inputs=inputs, outputs=x)
    x = keras.layers.Dropout(dropout, name='dropout')(x)
    x = keras.layers.Dense(len(alphabet) + 1,
                    kernel_initializer='he_normal',
                    activation='softmax',
                    name='fc_12')(x)
    x = keras.layers.Lambda(lambda x: x[:, rnn_steps_to_discard:])(x)
    model = keras.models.Model(inputs=inputs, outputs=x)
#构建CTC部分
    prediction_model=keras.models.Model(inputs=inputs,outputs=CTCDecoder()(model.output))
    labels=keras.layers.Input(name='labels',shape=[model.output_shape[1]], dtype='float32')
    label_length = keras.layers.Input(shape=[1])
    input_length = keras.layers.Input(shape=[1])
#计算CTCloss
    loss = keras.layers.Lambda(lambda inputs: keras.backend.ctc_batch_cost(
        y_true=inputs[0], y_pred=inputs[1], input_length=inputs[2], label_length=inputs[3]))(
            [labels, model.output, input_length, label_length])
#得到训练模型
    training_model=keras.models.Model(inputs=[model.input,labels,input_
```

```
length, label_length], outputs=loss)
    return backbone, model, training_model, prediction_model
```

6.4.3 文字检测与识别程序

```python
#测试函数
import numpy as np
import keras_ocr

def test_pipeline():
    pipeline = keras_ocr.pipeline.Pipeline()# 不能在空白的图像上寻找文本
    assert len(pipeline.recognize(images=[np.zeros((256,256,3),dtype='uint8')])[0]) == 0
    image = keras_ocr.tools.read('tests/test_image.jpg')
# 结果是元组类型，(文本、框)
    predictions = pipeline.recognize(images=[image])[0]
    assert len(predictions) == 1
    assert predictions[0][0] == 'eventdock'

#定义文字检测与识别测试的pipeline类
import numpy as np
from . import detection, recognition, tools

class Pipeline:
    def __init__(self, detector=None, recognizer=None, scale=2, max_size=2048):
#初始化文字检测类
        if detector is None:
            detector = detection.Detector()
#初始化文字识别类
        if recognizer is None:
            recognizer = recognition.Recognizer()
        self.scale = scale
        self.detector = detector
        self.recognizer = recognizer
        self.max_size = max_size

    def recognize(self, images, detection_kwargs=None, recognition_kwargs=None):
# 确保有图像输入
        if not isinstance(images, np.ndarray):
            images = [tools.read(image) for image in images]
# 将图像按固定尺度缩放
        images = [
            tools.resize_image(image, max_scale=self.scale, max_size=self.max_size)
            for image in images
        ]
        max_height, max_width = np.array([image.shape[:2] for image, scale in images]).max(axis=0)
```

```python
        scales = [scale for _, scale in images]
        images = np.array(
            [tools.pad(image, width=max_width, height=max_height) for image, _ in images])
        if detection_kwargs is None:
            detection_kwargs = {}
        if recognition_kwargs is None:
            recognition_kwargs = {}
#执行文字检测
        box_groups = self.detector.detect(images=images, **detection_kwargs)
#执行文字识别
        prediction_groups = self.recognizer.recognize_from_boxes(images=images, box_groups=box_groups, **recognition_kwargs)
        box_groups = [tools.adjust_boxes(boxes=boxes, boxes_format='boxes', scale=1 /scale) if scale != 1 else boxes
            for boxes, scale in zip(box_groups, scales)]
        return [
            list(zip(predictions, boxes))
            for predictions, boxes in zip(prediction_groups, box_groups)
        ]
#定义文本检测类
import cv2
import numpy as np
import TensorFlow as tf
import efficientnet.tfkeras as efficientnet
from TensorFlow import keras
from . import tools

class Detector:
    def __init__(self,
                 weights='clovaai_general',
                 load_from_torch=False,
                 optimizer='adam',
                 backbone_name='vgg'):
        if weights is not None:
            pretrained_key = (weights, load_from_torch)
            assert backbone_name == 'vgg', 'Pretrained weights available only for VGG.'
            assert pretrained_key in PRETRAINED_WEIGHTS, \
                'Selected weights configuration not found.'
            weights_config = PRETRAINED_WEIGHTS[pretrained_key]
            weights_path = tools.download_and_verify(url=eights_config['url'], filename=weights_config['filename'],
                                        sha256=weights_config['sha256'])
        else:
            weights_path = None
        self.model = build_keras_model(weights_path=weights_path, backbone_name=backbone_name)
        self.model.compile(loss='mse', optimizer=optimizer)
```

```python
    def get_batch_generator(self,
                            image_generator,
                            batch_size=8,
                            heatmap_size=512,
                            heatmap_distance_ratio=1.5):
        heatmap = get_gaussian_heatmap(size=heatmap_size, distanceRatio=heatmap_distance_ratio)
        while True:
            batch = [next(image_generator) for n in range(batch_size)]
            images = np.array([entry[0] for entry in batch])
            line_groups = [entry[1] for entry in batch]
            X = compute_input(images)
            y = np.array([
                compute_maps(heatmap=heatmap,
                             image_height=images.shape[1],
                             image_width=images.shape[2],
                             lines=lines) for lines in line_groups
            ])
            if len(batch[0]) == 3:
                sample_weights = np.array([sample[2] for sample in batch])
                yield X, y, sample_weights
            else:
                yield X, y

    def detect(self,
               images: typing.List[typing.Union[np.ndarray, str]],
               detection_threshold=0.7,
               text_threshold=0.4,
               link_threshold=0.4,
               size_threshold=10,
               **kwargs):
        """
        从图像中检测文字，得到文字框坐标

        参数
        ----------
        输入图像：images
        检测阈值：detection_threshold
        文字区域分数阈值：text_threshold
        连接分数阈值：link_threshold
        文字尺寸阈值：size_threshold
        返回值
        -------
        文字检测结果，文字框坐标集合
        """
        #得到文本检测框
        images = [compute_input(tools.read(image)) for image in images]
```

```python
            boxes = getBoxes(self.model.predict(np.array(images), **kwargs),
                        detection_threshold=detection_threshold,
                        text_threshold=text_threshold,
                        link_threshold=link_threshold,
                        size_threshold=size_threshold)
        return boxes
#定义文本识别类
import typing
import string
import TensorFlow as tf
from TensorFlow import keras
import numpy as np
import cv2
from . import tools

class Recognizer:
#使用CRNN架构的文本识别
    def __init__(self, alphabet=None, weights='kurapan', build_params=None):
        assert alphabet or weights, 'At least one of alphabet or weights must be provided.'
        if weights is not None:
            build_params=build_params or PRETRAINED_WEIGHTS[weights]['build_params']
            alphabet = alphabet or PRETRAINED_WEIGHTS[weights]['alphabet']
        build_params = build_params or DEFAULT_BUILD_PARAMS
        if alphabet is None:
            alphabet = DEFAULT_ALPHABET
        self.alphabet = alphabet
        self.blank_label_idx = len(alphabet)
        self.backbone, self.model, self.training_model, self.prediction_model = build_model(alphabet=alphabet, **build_params)
        if weights is not None:
            weights_dict = PRETRAINED_WEIGHTS[weights]
            if alphabet == weights_dict['alphabet']:
                self.model.load_weights(
tools.download_and_verify(url=weights_dict['weights']['top']['url'],
                        file-name=weights_dict['weights']['top']['filename'],
                        sha256=weights_dict['weights']['top']['sha256']))
            else:
                print('Provided alphabet does not match pretrained alphabet.'
                    'Using backbone weights only.')
                self.backbone.load_weights(
tools.download_and_verify(url=weights_dict['weights']['notop']['url'],
                        file-
```

```python
            name=weights_dict['weights']['notop']['filename'],
            sha256=weights_dict['weights']['notop']['sha256']))

    def get_batch_generator(self, image_generator, batch_size=8, lowercase=False):
        #图像生成器生成成批的训练数据
        y = np.zeros((batch_size, 1))
        if self.training_model is None:
            raise Exception('You must first call create_training_model().')
        max_string_length = self.training_model.input_shape[1][1]
        while True:
            batch = [sample for sample, _ in zip(image_generator, range(batch_size))]
            if not self.model.input_shape[-1] == 3:
                images = [
                    cv2.cvtColor(sample[0], cv2.COLOR_RGB2GRAY)[..., np.newaxis]
                                for sample in batch ]
            else:
                images = [sample[0] for sample in batch]
            images = np.array([image.astype('float32') / 255 for image in images])
            sentences = [sample[1].strip() for sample in batch]
            if lowercase:
                sentences = [sentence.lower() for sentence in sentences]
            assert all(c in self.alphabet
                    for c in ''.join(sentences)), 'Found illegal characters in sentence.'
            assert all(sentences), 'Found a zero length sentence.'
            assert all(
                len(sentence) <= max_string_length
                for sentence in sentences ),

            label_length = np.array([len(sentence) for sentence in sentences])[:, np.newaxis]
            labels = np.array([[self.alphabet.index(c)
                        for c in sentence] + [-1] * (max_string_length - len(sentence))
                        for sentence in sentences])
            input_length = np.ones((batch_size, 1)) * max_string_length
            if len(batch[0]) == 3:
                sample_weights = np.array([sample[2] for sample in batch])
                yield (images, labels, input_length, label_length), y, sample_weights
            else:
                yield (images, labels, input_length, label_length), y

    def recognize_from_boxes(self, images, box_groups, **kwargs) -> typing.List[str]:
        """
```

```
从文本框中识别文字

参数
----------
输入图像: images
检测框坐标集合: box_groups
其他参数: **kwargs
返回值
-------
文字识别结果
"""

assert len(box_groups) == len(images), \
    'You must provide the same number of box groups as images.'
crops = []
start_end = []
for image, boxes in zip(images, box_groups):
    image = tools.read(image)
    if self.prediction_model.input_shape[-1] == 1 and image.shape[-1] == 3:
# 转换成灰度图
        image = cv2.cvtColor(image, code=cv2.COLOR_RGB2GRAY)
    for box in boxes:
        crops.append(
            tools.warpBox(image=image,
                          box=box,
                          target_height=self.model.input_shape[1],
                          target_width=self.model.input_shape[2]))
    start = 0 if not start_end else start_end[-1][1]
    start_end.append((start, start + len(boxes)))
if not crops:
    return [[ ] for image in images]
X = np.float32(crops) / 255
if len(X.shape) == 3:
    X = X[..., np.newaxis]
predictions = [
    ''.join([self.alphabet[idx] for idx in row if idx not in [self.blank_label_idx, -1]])
    for row in self.prediction_model.predict(X, **kwargs)
]
return [predictions[start:end] for start, end in start_end]
```

6.5 本章小结

本章主要介绍了文字检测与识别的主要算法。针对文字检测问题，介绍了 CTPN 算法和 CRAFT 算法；针对文字识别问题，介绍了 DenseNet 网络模型、上下文序列及字符序列的解码机制。最后给出了 CRAFT 和 CRNN 文字检测与识别算法的代码示例。

6.6 习　　题

1. 请简述文字检测与目标检测在算法设计上的不同。
2. 请介绍两种文字检测算法，并简述其工作原理。
3. 请简述 LSTM 网络的原理，并介绍它在文字识别中的作用。
4. 请简述 CTC Loss 在文字识别中的作用。

第 7 章

多任务深度学习网络

微课视频

前面我们分别介绍了计算机视觉的四大关键技术：图像分类、目标检测、目标跟踪和图像分割。可以看到，基于深度学习的图像处理方法需要庞大的计算资源给予支持。在实际项目中，选择价格便宜且稳定性好的硬件设备是算法设计的重要环节。以实际项目为例，图 7-1 列出了自动驾驶环境感知这一实际问题拆解出的图像处理任务。自动驾驶技术的核心在于替代驾驶员完成对复杂动态场景的感知并做出正确的判断，即通过搭载的多种传感器（例如图像传感器）获取与驾驶相关的有效信息，包括机动车、行人、非机动车、交通标识、信号灯、典型障碍物、地上凹坑等。为了感知上述目标的状态，需要经过图像分类、目标检测和图像分割几个步骤来组合完成。如果将每个任务建立一个深度学习模型，再把所有的任务并行起来，计算量过于庞大，这将导致项目预算大幅增加、硬件服务器功耗过大，会产生安装条件受限等问题。实际项目在环境感知过程需要达到响应速度快、精度高、任务多等要求，而对于传统的视觉感知框架而言，难以实现短时间内同时完成多类的图像分析任务。所以使用一个深度神经网络模型实现交通场景中多任务处理是更为合理的方式，通过将分类、检测和分割这三个任务并入统一的编码器–解码器架构来完成。多类任务可以通过一个深度神经网络的前向传播完成，这样可

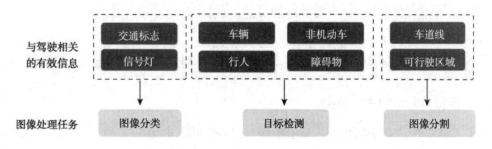

图 7-1 自动驾驶环境感知的任务分解

以减少计算参数,从而提高系统的检测速度。多任务深度学习网络可以提高图像处理系统的速度同时可以降低图像处理算法对硬件计算能力及存储能力的需求。

本章学习目标

- 多任务深度学习网络的概念
- 多任务深度学习网络的构建
- 多任务深度学习网络的代码实现

7.1 多任务深度学习网络的概念

从前几章的学习我们可以看到,无论是图像识别、目标检测,还是图像分割,所使用的基础网络都是一致的,这些基础网络的目的是提取不同的任务的不同图像特征。我们提出的自动驾驶环境感知多任务深度学习网络如图 7-2 所示,其由三个部分组成:图像特征提取部分、目标检测与分类部分和图像分割部分,以下分别对三个组成部分进行详细的介绍。

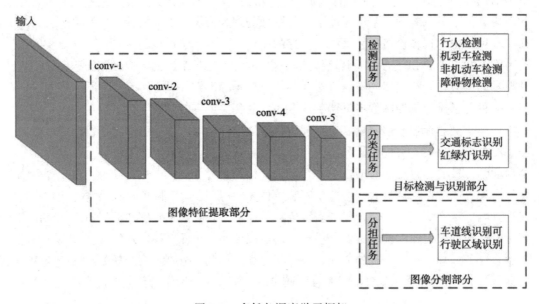

图 7-2 多任务深度学习框架

7.2 多任务深度学习网络构建

7.2.1 多任务网络的主要分类

本书第 2 章详细地介绍了经典的图像特征提取网络,包括 VGG、GoogLeNet、ResNet 等。如图 7-3 所示,ResNet 网络通过残差学习算法解决传统深度学习网络因深度增加而产生的梯度消失问题，其泛化性能强，对于复杂的天气条件及交通环境具有较强的鲁棒性。这些网络可以作为多任务深度学习网络的共享部分，一般基础网络都包括如图 7-3 所示的 conv1~conv5 层。多任务深度学习网络就是通过共享 conv1~conv5 层的部分或全部，从而完成多项图像处理任务。

层名称	层大小	50-层	101-层	152-层
conv1	112×112	7×7, 64, stride 2		
conv2_x	56×56	3×3 max pool, stride 2		
		$\begin{bmatrix} 1\times1,64 \\ 3\times3,64 \\ 1\times1,256 \end{bmatrix} \times 3$	$\begin{bmatrix} 1\times1,64 \\ 3\times3,64 \\ 1\times1,256 \end{bmatrix} \times 3$	$\begin{bmatrix} 1\times1,64 \\ 3\times3,64 \\ 1\times1,256 \end{bmatrix} \times 3$
conv3_x	28×28	$\begin{bmatrix} 1\times1,128 \\ 3\times3,128 \\ 1\times1,512 \end{bmatrix} \times 4$	$\begin{bmatrix} 1\times1,128 \\ 3\times3,128 \\ 1\times1,512 \end{bmatrix} \times 4$	$\begin{bmatrix} 1\times1,128 \\ 3\times3,128 \\ 1\times1,512 \end{bmatrix} \times 4$
conv4_x	14×14	$\begin{bmatrix} 1\times1,256 \\ 3\times3,256 \\ 1\times1,1024 \end{bmatrix} \times 6$	$\begin{bmatrix} 1\times1,256 \\ 3\times3,256 \\ 1\times1,1024 \end{bmatrix} \times 6$	$\begin{bmatrix} 1\times1,256 \\ 3\times3,256 \\ 1\times1,1024 \end{bmatrix} \times 6$
conv5_x	7×7	$\begin{bmatrix} 1\times1,512 \\ 3\times3,512 \\ 1\times1,2048 \end{bmatrix} \times 3$	$\begin{bmatrix} 1\times1,512 \\ 3\times3,512 \\ 1\times1,2048 \end{bmatrix} \times 3$	$\begin{bmatrix} 1\times1,512 \\ 3\times3,512 \\ 1\times1,2048 \end{bmatrix} \times 3$
	1×1	average pool, 1000-d fc, softmax		

图 7-3　ResNet 系列网络结构

目前，建立的多任务网络结构可以分为两种方法：一种为并联多任务网络结构；另一种为级联多任务网络结构。两种网络构建方式分别如图 7-4 和图 7-5 所示。

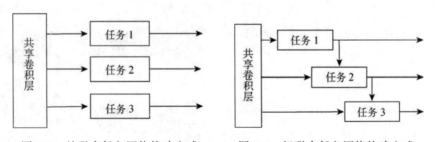

图 7-4　并联多任务网络构建方式　　图 7-5　级联多任务网络构建方式

并联网络结构大多为共享基础网络而保留所有与任务相关的卷积层网络。这种方法可以实现任意两种或者多种相关任务之间的多任务网络构建，不需要考虑任务之间的结构关系，较为简单。

级联网络结构为通过一个任务结果来影响下一个任务结果。此种方法需要考虑两种任务之间的转化关系，但该方法可以使任务之间共享更多的网络参数，还可以使各个任务相辅相成，提高各自任务的准确率。这种方法的代表方法为 2016 年 Jifeng Dai 与

Kaiming He 等人在 Faster-RCNN 的基础上提出的方法：通过级联的方式首先实现目标检测，然后根据目标检测结果进行目标与背景分割，最后根据目标分割结果对其进行分类。

对于车载视觉环境感知项目而言，基于图像分割算法进行车道线检测时，缺少考虑像素之间的空间关系（例如车道线像素不可能存在于行人、车辆等目标的上方，或者存在于天空等地方），通过把目标检测的信息传递到分割任务中就可以改善这种关系。根据目前的图像分割和目标检测算法总结分析发现，分割和检测算法网络结构之间存在着很多相似的特点。我们曾经建立了一个实现车道线分割和移动目标检测的级联多任务网络 Cascading D-SNet，即检测任务结果直接输送到分割任务中，在检测结果的条件下得到图像分割结果，从而进一步精细化车道线检测结果。与并联多任务网络结构相比，Cascading D-SNet 网络具有速度更快，准确率更高的特点。本书将以车载视觉环境感知系统为例，重点介绍 Cascading D-SNet 网络结构。

7.2.2 并行式网络

近年来，MultiNet 为实现分割和目标检测以及对道路分类的代表性多任务网络，这种网络属于并行式的网络结构。该网络的基础网络为 VGGNet 去掉全连接层的剩余网络，共享基础网络 conv1~conv5 层，采用 FCN 的方法分割任务，采用 YOLO 中思想的检测网络。分类网络采用简单的卷积和归一化指数函数层来实现对输入图片的分类。其具体的网络如图 7-6 所示。通过图 7-6 可以看出，该网络只是共享了基础网络，其检测和分割任务并没有任何联系，各自执行自己的任务，属于采用并联的方式建立多任务网络结构。

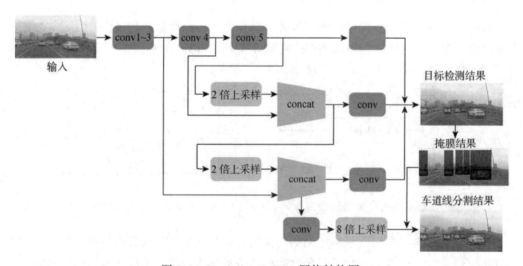

图 7-6　Cascading D-SNet 网络结构图

我们利用该网络进行实验从而证明并行式多任务网络的性能，单独的目标检测和图像分割任务在 KITTI 数据集上的准确率和运行时间对比结果如表 7-1 和表 7-2 所示。单独任务训练是指用 MultiNet 的基础网络和对应任务网络层进行组合，分别形成单独的分割网络和目标检测网络。可以看出，并行式多任务无论是在性能还是处理时间上，都比单独的网络优异。

表 7-1 MultiNet 中单独网络与 MultiNet 准确率对比

网络	目标检测	图像分割
单独任务训练	84.63%	95.80%
多任务联合训练	84.68%	95.99%

表 7-2 MultiNet 中单独网络与 MultiNet 测试速度对比

网络	测试速度
检测网络	35.75ms
分割网络	42.14ms
联合网络	42.48ms

并联式多任务联合算法具备检测任务和分割任务共享卷积特征，每个任务包含一个损失函数，多任务联合算法的整体损失函数定义为检测损失函数和分割损失函数的总和，如式（7-1）所示，在反向传播的梯度合并过程中，不同任务的损失所占权重都是平等的。

$$\text{loss}_{\text{mul}}(p,q) = \text{loss}_{\text{det}}(p,q) + \text{loss}_{\text{seg}}(p,q) \tag{7-1}$$

其中，p 是预测值；q 是真实值；$\text{loss}_{\text{det}}(p,q)$ 为检测任务的损失函数；$\text{loss}_{\text{seg}}(p,q)$ 为分割任务的损失函数。两个卷积神经网络的实现中，相同的图像需要经过两次卷积神经网络算法中的基础网络部分。

7.2.3 级联式网络

1. 网络结构

图 7-6 介绍了车载视觉环境感知的级联型网络结构图。对于输入大小为 1248×384×3 的图像来说，首先经过基础网络得到 32 倍降采样结果 conv5，再通过一个卷积模块，之后进行深层网络预测得到 39×12×8×3 的特征矩阵。和第 3 章介绍的 YOLO 算法相似、矩阵中 39×12 代表图像最后特征的尺寸大小，针对其中的每个特征点，都可以通过 3 个边框描述（即矩阵中的 3）。而每个边框需要通过 4 个坐标及 3 种目标（行人、车辆、自行车）与背景的置信度来表示，所以显示为特征矩阵中的 8。深层网络得到的特征矩阵经过 2 倍上采样后与 conv4 特征的尺寸一致，将这两个特征融合，再通过卷积模块，进行中层网络特征矩阵预测，中层网络特征进行 2 倍上采样与浅层特征 conv3 进一步地融合，融合中间层特征的优点在于可以提高边框坐标的检测精度。最后将三个层次预测的目标结果进行非极大值抑制，得到最终目标检测结果。从以上例子可以看出，在图像目标检测任务中，卷积的作用在于：①降低特征矩阵的维度。②将基础网络与检测结果相隔开。因为距离预测层越近的网络层数，在计算损失的反向传播时受到的波动越大。

以上网络直接将目标检测预测结果加入到分割任务当中，从而对分割任务进行优化。分割任务首先针对来自 conv3 浅层特征，将深层特征的 2 倍上采样与中层特征融合，再与来自浅层预测结果的特征进行融合，之后进入一个卷积模块。该卷积模块的作用主要有两个：①学习分割任务与目标检测任务之间的关系。②降低特征矩阵的维度。最后经过 8 倍上采样得到与图像尺寸大小一致的类别矩阵 1248×384×2，其中 2 代表针对原图的每个像素点有两个类别（一个类别为车道线，一个类别为除车道线以外的背景的置信度）。之后将检测结果框直接映射到原图上，得到针对原图的一个掩模，即目标框内部与目标框上部为 0 而其他地方为 1。用该掩模与得到图像分割结果相卷积，对分割结构进行优化，最后掩模为 1 的位置对应的像素点预测为置信度大的类别。

2. 级联式网络损失函数的设计

损失函数即为预测值与真实值之间的差距。差距越小，代表算法越能更好地进行预测。所以算法都会在保证损失函数最小值大于或等于零的情况下，通过优化使损失函数得到最小的参数。多元函数的方差函数与以极大似然为原理的交叉熵函数是求最优化时最常用的两个办法，因为这两个函数一定大于零，且当预测值与实际值越接近时损失越小。本网络的损失函数可以分为两部分，一部分为采用 YOLO v3 算法计算的目标检测算法损失，另一部分为车道线分割算法损失。其中目标检测算法损失又分为三部分：一部分为坐标损失，如式（7-2）和式（7-3）所示，一部分为判断目标是否为背景损失，如式（7-4）所示；最后一部分为判断目标类别损失，如式（7-5）所示。

（1）预测框中心点损失，采用方差损失函数：

$$L_1 = \lambda \cdot \sum_{i=0}^{S^2} \sum_{j=0}^{B} l_{ij}^{\text{obj}} \left[(x_i - \hat{x}_i)^2 + (y_i - \hat{y}_i)^2 \right] \quad (7\text{-}2)$$

（2）预测框宽和高的损失，采用方差损失函数：

$$L_2 = \lambda \cdot \sum_{i=0}^{S^2} \sum_{j=0}^{B} l_{ij}^{\text{obj}} [(w_i - \hat{w}_i)^2 + (h_i - \hat{h}_i)^2] \quad (7\text{-}3)$$

（3）预测框是否存在实际目标损失，采用交叉熵损失函数：

$$L_3 = -\left(\sum_{i=0}^{S^2} \sum_{j=0}^{B} l_{ij}^{\text{obj}} (\ln \text{conf}_i) + \sum_{i=0}^{S^2} \sum_{j=0}^{B} l_{ij}^{\text{noobj}} (\ln \text{conf}_i) \right) \quad (7\text{-}4)$$

（4）预测类别损失函数，采用交叉熵损失函数：

$$L_4 = -\sum_{i=0}^{S^2} l_{ij}^{\text{obj}} \sum_{c \in \text{classes}} (\log \text{pro}_i(c)) \quad (7\text{-}5)$$

目标检测总损失为

$$\text{loss}_{\text{det}} = L_1 + L_2 + L_3 + L_4 \quad (7\text{-}6)$$

其中，$\lambda = 2 - w \cdot h$，其目的在于优化大目标和小目标注意力不平衡问题由于面积相差较大，导致大目标所占用的损失过多，在训练时带来的网络对大小目标注意力不平衡；l_{ij}^{obj} 代表特征点对应的框中是否存在实际目标；x_i, y_i 为目标真实边框的中心坐标；w_i, h_i 为目标真实边框的宽度和高度；$\hat{x}_i, \hat{y}_i$ 为目标预测边框的中心坐标；$\hat{w}_i, \hat{h}_i$ 为目标预测边框的宽和高；conf_i 表示预测边框内是否有目标概率；pro_i 为预测边框属于目标类别概率；S 代表最后特征矩阵的面积；B 代表特征点对应的所有检测框。

对于分割任务求得的损失是基于检测结果的损失，其表达方法如式（7-7）和式（7-9）

所示。

$$L_{seg}=L_{seg}(S(\theta)|B(\theta)) \quad (7\text{-}7)$$

$$B = B\{B_i\} \quad (7\text{-}8)$$

$$B_i = \{\hat{x}_i, \hat{y}_i, \hat{w}_i, \hat{h}_i, \widehat{\text{conf}_i}, \widehat{\text{pro}_i}\} \quad (7\text{-}9)$$

其中，θ 为尽量优化后的所有网络参数；S 为输出的分割结果；B_i 为检测边框的索引。

具体的计算损失的函数采用交叉熵函数作为损失函数。由于车道线像素点与背景像素点个数差异较大，属于类间分布不平衡的情况，所以可以对该函数加以改进。在训练网络之前，已经统计了 1000 张标定好的对应原图的类别图像，对 1000 张图像背景像素点个数与车道线像素点个数分别求和，再求均值。得到车道线像素点与背景像素点个数之比，为 19.35。通过加权的方法对图像分割损失函数进行改进，见式（7-10）。

$$\text{loss}_{seg}(p,q) = -(0.95\sum_{c\in\text{line}}p_i(c)\log\hat{p}_i(c)+0.05\sum_{c\in\text{bg}}p_i(c)\log\hat{p}_i(c) \quad (7\text{-}10)$$

其中，$\hat{p}_i$ 是预测的像素类别；p_i 是真实的像素类别；c 是类的集合；line 为车道线像素；bg 为背景像素。

对于本文网络的总体损失为

$$\text{loss}_{mul}(p,q) = \text{loss}_{det}(p,q) + \text{loss}_{seg}(p,q) \quad (7\text{-}11)$$

其中，p 是预测值；q 是真实值；$\text{loss}_{det}(p,q)$ 为检测任务的损失函数；$\text{loss}_{seg}(p,q)$ 为分割任务的损失函数。

3. 级联式网络的训练方法

因为 Cascading D-SNet 在目标检测任务的基础上完成分割任务，所以在训练时需要首先对目标检测任务以及基础网络权重进行更新。当目标检测任务的损失不再下降，停止对两部分的权重更新，采用该权重对分割网络进行训练。分割网络训练时，只更新分割任务权重，最后联合两种任务一起更新权重。经试验证明该训练方法相较于开始即对两个任务联合训练实验结果更为优异。其原因在于此种方法让训练更有目的性，既保证了图像检测方法的准确性，又提高了分割任务准确性。多任务深度学习网络的识别结果如图 7-7 所示。

图 7-7　测试结果

小贴士：训练参数要如何设计？

在实验训练之前，需要确定一些超参数。首先使用在 ImageNet 上预先训练的 DarkNet53 基础网络对本文提出的 Cascading D-SNet 进行特征编码部分初始化。对于检测和分割任务实现网络部分采用范围在 (−0.1, 0.1) 的随机分布初始化。卷积神经网络中学习率是一个非常重要的超参数，通常采用 $1e^{-5}$ 初始学习率的 Adam（Adaptive Moment Estimation）学习优化器来训练，并对于所有卷积层施加 $5e^{-4}$ 的权重衰减系数。使用衰减系数可以防止神经网络过拟合。

小贴士：多任务深度学习网络有什么训练技巧？

多任务深度学习网络由于多个任务不同，对网络参数调整的需求也不同。以自动驾驶环境感知的项目为例，建立的多任务深度学习网络包括分割任务和目标检测任务，其中分割任务通过比较短的迭代次数就可以达到很好的效果，而目标检测任务却需要非常多的迭代次数才可以达到较好的效果。如果以同样的标准训练，比较简单的任务会欠拟合，而比较复杂的任务会过拟合。为了解决这个问题，可以在训练初期冻结较为简单的任务分支，在较复杂的任务分支已经达到一定的训练效果后再开始训练较为简单的分支，这样可以达到更好拟合效果。冻结及解冻部分网络分支的代码如下。

```
for layer in model.layers[: 10]:
    layer.trainable = False    ####冻结部分网络层
for layer in model.layers[10: ]:
    layer.trainable = True     ####解冻部分网络层
```

7.3 多任务深度学习网络的代码实现

项目简介：KITTI 数据集由德国卡尔斯鲁厄理工学院和丰田美国技术研究院联合创办，是目前国际上最大的自动驾驶场景下的算法评测数据集。该数据集用于评测立体图像（Stereo）、光流（Optical Flow）、视觉测距（Visual Odometry）、3D 物体检测（Object Detection）和 3D 跟踪（Tracking）等计算机视觉技术在车载环境下的性能。KITTI 包含市区、乡村和高速公路等场景采集的真实图像数据，每张图像中最多达 15 辆车和 30 个行人，还有各种程度的遮挡与截断。本项目的目的是通过一个深度学习网络同时完成目标检测与车道线分割的任务。

KITTI 数据集有单独的目标检测数据及道路分割数据，并没有同时拥有两类数据的数据集。为了实现本项目，需要在目标检测数据集或道路分割数据集上自己标注另一种标签，标注方法如第 9 章所示。当数据准备好后，就可以利用下面的代码开始项目实践了。

代 码 清 单

7.3.1 构建多任务深度学习网络

```python
#初始化训练图形
def build_training_graph(hypes, queue, modules, first_iter):
    data_input = modules['input']
    encoder = modules['arch']
    objective = modules['objective']
    optimizer = modules['solver']

    reuse = {True: False, False: True}[first_iter]
    #返回当前变量命名域
    scope = tf.get_variable_scope()
    #为变量添加命名域
    with tf.variable_scope(scope, reuse=reuse):
        learning_rate = tf.placeholder(tf.float32)
        # 将输入添加到图形
        with tf.name_scope("Inputs"):
            image, labels = data_input.inputs(hypes, queue, phase='train')
        # 在编码器网络上运行推理
        logits = encoder.inference(hypes, image, train=True)
        #在logits上构建解码器
        decoded_logits = objective.decoder(hypes, logits, train=True)
        #将操作数添加到图形中以进行损失计算
        with tf.name_scope("Loss"):
            losses = objective.loss(hypes, decoded_logits, labels)
        # 将计算和应用渐变添加到图形中
        with tf.name_scope("Optimizer"):
            global_step = tf.Variable(0, trainable=False)
    # 构建训练操作
        train_op=optimizer.training(hypes,losses,global_step,learning_rate)
    graph = {}
    graph['losses'] = losses
    graph['train_op'] = train_op
    graph['global_step'] = global_step
    graph['learning_rate'] = learning_rate
#返回到图形中
    return graph
#计算多任务深度学习模型的总体损失
def _recombine_3_losses(meta_hypes, subgraph, subhypes, submodules):
    if meta_hypes['loss_build']['recombine']:
    # 得到所有损失
        segmentation_loss = subgraph['segmentation']['losses']['xentropy']
        detection_loss = subgraph['detection']['losses']['loss']
        road_loss = subgraph['road']['losses']['loss']
        reg_loss_col = tf.GraphKeys.REGULARIZATION_LOSSES
```

```python
        weight_loss = tf.add_n(tf.get_collection(reg_loss_col),name='reg_loss')
    # 计算总损失
        if meta_hypes['loss_build']['weighted']:
            w = meta_hypes['loss_build']['weights']
    # 使用权重
            total_loss = segmentation_loss*w[0] + \
                detection_loss*w[1] + road_loss*w[2] + weight_loss
        else:
            total_loss = segmentation_loss + detection_loss + road_loss \
                + weight_loss
    # 用新的损失构建train_ops
        subgraph['segmentation']['losses']['total_loss'] = total_loss
        for model in meta_hypes['models']:
            hypes = subhypes[model]
            modules = submodules[model]
            optimizer = modules['solver']
            gs = subgraph[model]['global_step']
            losses = subgraph[model]['losses']
            lr = subgraph[model]['learning_rate']
            subgraph[model]['train_op']=optimizer.training(hypes,losses,gs, lr)
#构建联合模型
def build_united_model(meta_hypes):
    subhypes = {}
    subgraph = {}
    submodules = {}
    subqueues = {}
    base_path = meta_hypes['dirs']['base_path']
    first_iter = True

    for model in meta_hypes['model_list']:
        subhypes_file=os.path.join(base_path,meta_hypes['models'] [model])
        with open(subhypes_file, 'r') as f:
            logging.info("f: %s", f)
            subhypes[model] = json.load(f)
        hypes = subhypes[model]

        submodules[model] = utils.load_modules_from_hypes(
            hypes, postfix="_%s" % model)
        modules = submodules[model]

        logging.info("Build %s computation Graph.", model)
        with tf.name_scope("Queues_%s" % model):
            subqueues[model]=modules['input'].create_queues(hypes, 'train')

        logging.info('Building Model: %s' % model)
        subgraph[model] = build_training_graph(hypes, subqueues[model], modules, first_iter)
        first_iter = False
```

```
    _recombine_3_losses(meta_hypes, subgraph, subhypes, submodules)
    tv_sess = core.start_tv_session(hypes)
    sess = tv_sess['sess']
    return subhypes, submodules, subgraph, tv_sess
```

7.3.2 多任务深度学习网络的训练

```
#联合训练函数
def run_united_training(meta_hypes, subhypes, submodules, subgraph,
tv_sess, start_step=0):
    sess = tv_sess['sess']
    solvers = {}
    for model in meta_hypes['models']:
        solvers[model] = submodules[model]['solver']
    save_iter = meta_hypes['logging']['save_iter']
    models = meta_hypes['model_list']
    num_models = len(models)
# 运行训练步骤
    for step in xrange(start_step, meta_hypes['solver']['max_steps']):
        # 选择在哪个模型上运行训练步骤
    model = models[step % num_models]
        lr = solvers[model].get_learning_rate(subhypes[model], step)
        feed_dict = {subgraph[model]['learning_rate']: lr}
#定期保存 checkpoint sess.run([subgraph[model]['train_op']], feed_dict=
feed_dict)
        if (step) % save_iter == 0 and step > 0 or \
 #将checkpoint 保存 (step + 1) == meta_hypes['solver']['max_steps']:
            checkpoint_path=os.path.join(meta_hypes['dirs']['output_
dir'], 'model.ckpt')
            tv_sess['saver'].save(sess,checkpoint_path,global_step=step)
    return
#多任务深度学习网络训练主函数
def main(_):
#读取配置参数
    with open(tf.app.flags.FLAGS.hypes, 'r') as f:
        logging.info("f: %s", f)
        hypes = json.load(f)
    with tf.Session() as sess:
# 建立联合模型
        subhypes, submodules, subgraph,tv_sess = build_united_model(hypes)
# 运行联合训练
        run_united_training(hypes,subhypes,submodules,subgraph,tv_sess)
```

7.3.3 多任务深度学习模型测试

对于一张道路环境图片进行测试，包括以下步骤。

```python
#定义图像的参数
def process_image(subhypes, image):
    hypes = subhypes['road']
    shape = image.shape
    image_height = hypes['jitter']['image_height']
    image_width = hypes['jitter']['image_width']
    assert(image_height >= shape[0])
    assert(image_width >= shape[1])
#参数应用到图像
    image = scp.misc.imresize(image, (image_height, image_width, 3),
                              interp='cubic')
    return image
#道路联合模型
def load_united_model(logdir):
    subhypes = {}
    subgraph = {}
    submodules = {}
    subqueues = {}

    first_iter = True

    meta_hypes = tv_utils.load_hypes_from_logdir(logdir, subdir="",
                                                  base_path='hypes')
    for model in meta_hypes['models']:
        subhypes[model] = tv_utils.load_hypes_from_logdir(logdir,
subdir=model)
        hypes = subhypes[model]
        submodules[model] = tv_utils.load_modules_from_logdir(logdir,
                                                               dirname=model,
                                                               postfix=model)

        modules = submodules[model]
#对输入图像进行预处理
    image_pl = tf.placeholder(tf.float32)
    image = tf.expand_dims(image_pl, 0)
    image.set_shape([1, 384, 1248, 3])
    decoded_logits = {}
    for model in meta_hypes['models']:
        hypes = subhypes[model]
        modules = submodules[model]
        optimizer = modules['solver']

        with tf.name_scope('Validation_%s' % model):
            reuse = {True: False, False: True}[first_iter]
#返回当前变量命名域
            scope = tf.get_variable_scope()
#为变量添加命名域
            with tf.variable_scope(scope, reuse=reuse):
                logits = modules['arch'].inference(hypes, image, train=False)
        decoded_logits[model]=modules['objective'].decoder(hypes,
logits, train=False)

        first_iter = False
```

```python
    sess = tf.Session()
    saver = tf.train.Saver()
    cur_step = core.load_weights(logdir, sess, saver)
    return meta_hypes, subhypes, submodules, decoded_logits, sess, image_pl

#测试主函数
def main_test(_):
    #加载图像并调整大小
    image_file = 'data/test.png'
    image = scp.misc.imread(image_file)
    logdir = 'RUNS'
    #加载模型
    load_out = load_united_model(logdir)
    #创建相关tensor列表以进行评估
    meta_hypes, subhypes, submodules, decoded_logits, sess, image_pl
 = load_out
    seg_softmax = decoded_logits['segmentation']['softmax']
    pred_boxes_new = decoded_logits['detection']['pred_boxes_new']
    pred_confidences = decoded_logits['detection']['pred_confidences']
    if len(meta_hypes['model_list']) == 3:
        road_softmax = decoded_logits['road']['softmax'][0]
    else:
        road_softmax = None
   eval_list=[seg_softmax,pred_boxes_new,pred_confidences,road_softmax]
    hypes_road = subhypes['road']
    shape = image.shape
    image_height = hypes_road['jitter']['image_height']
    image_width = hypes_road['jitter']['image_width']
    image=scp.misc.imresize(image,(image_height,mage_width,3),interp
= 'cubic')

    import utils.train_utils as dec_utils
    #将图像输入多任务深度学习网络
    feed_dict = {image_pl: image}
    output = sess.run(eval_list, feed_dict=feed_dict)
   seg_softmax, pred_boxes_new, pred_confidences, road_softmax = output
    #创建重叠的Segmentation
    shape = image.shape
    seg_softmax = seg_softmax[:, 1].reshape(shape[0], shape[1])
    hard = seg_softmax > 0.5
    overlay_image = tv_utils.fast_overlay(image, hard)
    #构建检测箱
    new_img, rects = dec_utils.add_rectangles(
        subhypes['detection'], [overlay_image], pred_confidences,
        pred_boxes_new, show_removed=False,
        use_stitching=True, rnn_len=subhypes['detection']['rnn_len'],
        min_conf=0.50, tau=subhypes['detection']['tau'])
#道路分类
    highway = (np.argmax(road_softmax) == 1)
    new_img = road_draw(new_img, highway)
```

```
#打印更多的输出信息
    threshold = 0.5
    accepted_predictions = []
#删除预测<=阈值
    for rect in rects:
        if rect.score >= threshold:
            accepted_predictions.append(rect)
#保存输出文件
    output_base_name = image_file
    out_image_name = output_base_name.split('.')[0] + '_out.png'
    scp.misc.imsave(out_image_name, new_img)
    exit(0)
```

7.4 本章小结

本章介绍了多任务深度学习网络。实际项目的实现一般都需要几种图像处理任务的相互组合。如果将每个任务建立一个深度学习模型，再把所有的任务并行起来，要求的计算量过于庞大，这将导致项目预算大幅度增加、计算单元器功耗过大、安装条件受限等问题。由于实际项目具备环境感知过程响应速度快、精度高、任务多等要求。对于传统的图像检测与识别框架而言，难以实现在短时间内同时完成多类的图像分析任务。使用一个深度神经网络模型，将分类、检测和分割这三个任务并入统一的编码器——解码器架构可以实现交通场景中多任务处理。多类任务可以通过一个深度神经网络的前向传播完成，通过减少计算参数提高系统的检测速度。本章的最后介绍了多任务深度学习网络的代码实现。

7.5 习 题

1. 共享部分网络参数的优点是什么？
2. 如何设置多任务神经网络的误差？
3. 多任务深度学习网络在训练时有什么技巧？

第 8 章

生成对抗神经网络

微课视频

生成对抗网络（Generative Adversarial Networks，GAN）由 Ian Goodfellow 在 2014 年提出，是当今计算机科学中最有趣的概念之一。GAN 最早提出是为了弥补真实数据的不足，生成高质量的人工数据。GAN 的主要思想是让两个模型进行对抗性训练。随着训练过程的推进，生成网络（Generator，G）逐渐变得擅长创建看起来真实的图像，而判别网络（Discriminator，D）则变得更擅长区分真实图像和生成器生成的图像。GAN 不局限于提高单一网络的性能，而是希望实现生成器和鉴别器之间的纳什均衡（Nash Equilibrium）。

本章学习目标

- 生成对抗网络的概念
- 典型的生成对抗网络
- 生成对抗网络的代码实现

8.1 生成对抗网络的概念

假设在低维空间 Z 存在一个简单容易采样的分布 $p(z)$，例如正态分布 $N(0, I)$，生成网络（G）构成一个映射函数，而判别网络（D）需要判别输入是来自真实数据 X_{real} 还是生成网络生成的数据 X_{fake}，结构示意图如图 8-1 所示。

事实上，整个学习优化的过程是一个极大极小博弈（Minimax Game）问题，即寻找 G 和 D 之间的平衡点，G 的目标是使其输出 X 的分布尽可能接近真实数据的分布；而 D 是一个二分类器，目标在于分清是输出为 0 的生成数据，还是输出为 1 的真实数据。当达到平衡点时，D 便无法判断数据来自 G 还是真实样本，此时的 G 就为最优状态。综上所述，GAN 在不断的对抗学习过程中，生成的数据越来越接近真实样本，而 D 的判别能

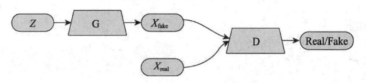

图 8-1 GAN 结构示意图

力则越来越模糊。

如图 8-2 所示，在训练过程中，生成器 G 将一个随机向量 z 映射到数据空间，其目标是生成尽可能真实的图像来欺骗判别器 D，而判别器 D 的目标是试图将 G 生成的假图像与真实图像区分开来。这样，G 和 D 构成一个动态的"博弈过程"，最终可以达到纳什均衡点（如图 8-2（d）所示）。

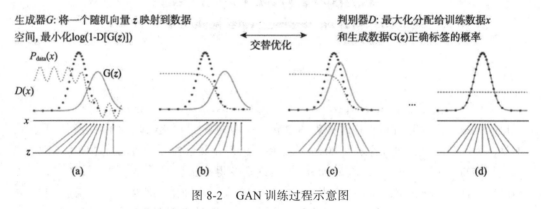

图 8-2 GAN 训练过程示意图

随着深度卷积神经网络在图像领域的发展，GAN 衍生出了很多模型，广泛应用于多个领域。例如，DCGAN(Deep Convolutional Generative Adversarial Networks, DCGAN)的提出，为稳定的 GAN 网络设计和训练提供了十分宝贵的经验。其采用 CNN 实现对样本的无监督学习，即生成网络可以从随机噪声映射到真实数据空间，可以生成与样本相似的图像；CycleGAN(Cycle-Consistent Generative Adversarial Networks, CycleGAN)使用循环一致性生成对抗网络，实现两种图像不同风格的互相转换；StackGAN（Text to Photo-realistic Image Synthesis with Stacked Generative Adversarial Networks，StackGAN）可以将文字描述作为条件，生成器生成与之符合的自然图像；另外，GAN 还经常被用于图像修复、编辑、去模糊等领域，如图 8-3 所示，是近年来的研究热点。

8.2 典型的生成对抗网络

8.2.1 DCGAN

在实际应用时，生成网络 G 和判别网络 D 经常难以达到平衡点，使训练不稳定。随着深度卷积神经网络在图像处理领域的发展，DCGAN 的提出打破了这一僵局，为稳定

图 8-3 GAN 的相关应用示例

的 GAN 网络设计和训练提供了十分宝贵的借鉴。DCGAN 使用 CNN 结构代替传统 GAN 的全连接网络，具体的改进如下。

（1）批处理标准化，即对每层都进行标准化（Batch Normalization）。批标准化是将分散数据统一的做法。其优化了神经网络，产生了具有统一规格的数据，能让机器更容易学习到数据之中的规律。

（2）使用**转置卷积上采样**（Transpose Convolution），转置卷积上采样是神经网络生成图像时，从低分辨率到高分辨率的上采样方法，转置卷积能够让神经网络学会如何以最佳方式进行上采样。

（3）使用 Leaky ReLU 作为激活函数，从而实现神经网络的网络结构中从输入到输出的映射。正是由于这些非线性函数的反复叠加，才使得神经网络有能力来抓取复杂的类型。Leaky ReLU 的应用提高了系统的计算速度，改善了梯度消失的问题。

如图 8-4（a）所示，生成网络的输入取自于正态分布 100 维度的均匀随机噪声，使

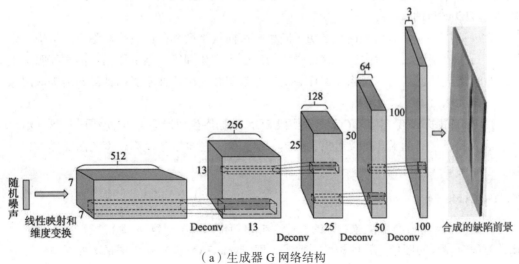

（a）生成器 G 网络结构

图 8-4 卷积示例

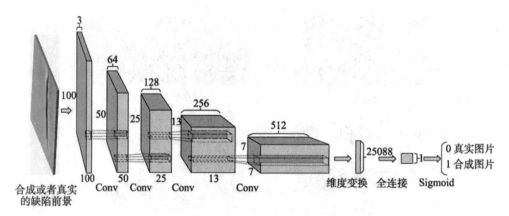

（b）判别器 D 网络结构

图 8-4（续）

用大小为 5×5 的卷积核，步长为 2 的反卷积实现上采样过程，整个过程中使用批归一化方法（Batch Normalization）且不使用池化方法（包括最大池化、平均池化），在生成网络的最后一层使用 tanh 激活函数，其余全部使用 ReLU 激活函数，最终可以得到分辨率为 100×100 的三通道合成图像。如图 8-4（b）所示，判别网络的输入为大小 100×100 的三通道的合成图像或者真实图像，使用大小为 5×5 的卷积核，步长为 2 的卷积实现下采样过程，在判别网络的所有层使用 Leaky ReLU 的激活函数，最终使用全连接层映射到 1 维，利用 Sigmoid 函数对其分类，输出 0 代表判别网络将输入判定为合成的假数据，输出 1 则是将输入判定为真实数据。损失函数也正是由分类结果产生的，生成网络的损失为 D 对合成数据的输出结果与 1 的交叉熵损失，判别结果的损失由两部分组成，一部分为 D 对真实数据的输出结果与 1 的交叉熵损失，另一部分为 D 对合成数据的输出结果与 0 的交叉熵损失，G 和 D 迭代更新参数，共同优化。此时，通过不断的对抗学习使得 G 生成的数据十分逼真，D 无法精确判断输入是生成数据还是真实数据，这时，G 就达到了欺骗 D 的目的。

此外，DCGAN 的相关论文证明了随机噪声向量维度和范围变化对隐空间结构产生影响，可以改变生成图像内容，这也是我们产生多样化训练样本的原因。同时证明了生成器生成的数据也能用于图像分类任务上，这表明合成图像并不影响神经网络提取图像特征的强大能力。

图 8-5 和图 8-6 给出了 DCGAN 利用 LSUN 数据库生成卧室样本的例子，图 8-7 给出了生成人脸样本的例子。可以看出，虽然 DCGAN 还难以生成高精度的图像样本，但这样的结果已经足够让世人感到惊艳。

8.2.2 CycleGAN

CycleGAN 是由两个镜像对称的 GAN 构成的环形网络，其输入为源域和目标域的图像，对同时输入的图像是否匹配并无要求，即 CycleGAN 能在输入图像不配对的情况下实现风格转换。CycleGAN 的思路框架如图 8-8 所示。

图 8-5　DCGAN 训练 1 个 Epoch 的结果

图 8-6　DCGAN 训练 5 个 Epoch 的结果

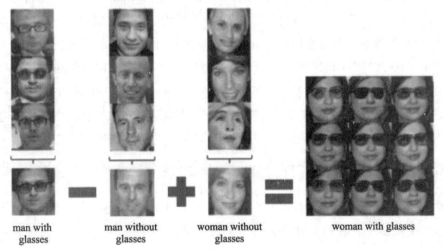

图 8-7　DCGAN 论文给出的实验结果

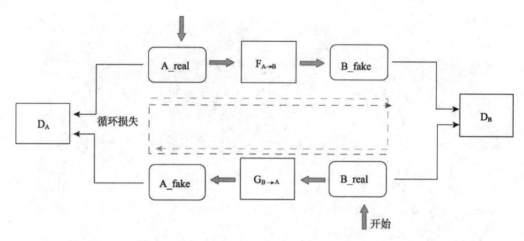

图 8-8　CycleGAN 基本原理图

CycleGAN 共包含两个生成网络和判别网络实现 A 域和 B 域图像的互相映射。具体过程为从 A 域获得输入图像，通过生成网络 $F_{A \to B}$ 可以转换成类似于 B 域的假图像，判别网络 D_B 鉴别生成的 B 域图片与真实的 B 域图片。相同地，从 B 域获得输入图像，生成网络 $G_{B \to A}$ 可以转换成类似于 A 域的假图像，判别网络 D_A 鉴别生成的 A 域图片与真实的 A 域图片，这是两个镜像的 GAN 的过程。但是，仅仅利用 GAN 的对抗损失不能保证输入图像内容的不变性，因此引入了循环一致性损失(Cycle-consistency Loss，如图中的蓝线)，即将真实的 A 域图像经过生成网络 $F_{A \to B}$ 转换到 B 域，再经过生成网络 $G_{B \to A}$ 回到 A 域，利用 L1 损失限制真实的 A 域图像和循环一圈后生成的 A 域图像的差距，避免 A 域图像直接映射为 B 域的同一图片。所以，整体来看，CycleGAN 的损失由 **GAN 的损失和循环一致性损失**共同组成。

生成网络 $F_{A \to B}$、$G_{B \to A}$ 都是由编码层、转换层和解码层组成的。首先编码层利用步长卷积提取输入图像特征，得到 256 个 64×64 的特征图，之后转换层使用由两个卷积层组成的六个残差块来组合图像不相近特征，将一个域的特征图转换为另一个域特征图，目的是在转换的同时尽量保留原图的高级特征，最终的解码层通过反卷积从特征图中生成图像。判别网络（D_A、D_B）采用马尔科夫判别器(PatchGAN)的结构，将图像划分为 70×70 的块，在判别过程中，对输入图像逐层卷积，在一维输出的卷积层上得到每块是否为真实样本的概率，再把所有图像块的判定结果求平均得到整个图像的输出结果。这样可以更加关注图像的细节，避免极端输出。CycleGAN 论文给出的实验结果如图 8-9 所示。

哈尔滨工业大学和腾讯优图提出加强版的 CycleGAN，识别结果如图 8-10 所示。可以看出，CycleGAN 在风格转换领域有着很强的应用价值。

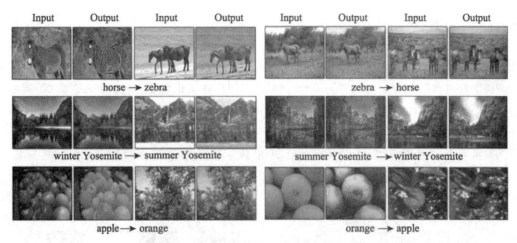

图 8-9 CycleGAN 论文给出的实验结果

图 8-10 加强版 CycleGAN 论文给出的实验结果

8.3 传送带表面缺陷样本增强案例

采用深度神经网络来完成传送带表面缺陷检测任务时,由于 DNN 的参数量通常是巨大的,而缺陷样本具有极高的多样性和不确定性,因此训练样本的数量往往远远小于参数数量，这导致过拟合现象时有发生，这样得到模型的泛化能力不强。因此，需要采用上述的 DCGAN 和 CycleGAN 算法进行缺陷前景的生成，扩充缺陷样本的数目。在 DCGAN 的实验中，从百余张真实的缺陷图片中裁剪出 100×100 大小的缺陷前景图片，并利用数据增强方法(旋转、平移、缩放等)得到 15000 张图片作为训练集，经过 200 次训练周期(Epoch)，生成网络和判别网络损失逐渐稳定时停止训练。在 CycleGAN 实验中，将图像采集设备和手机采集(不同数据源)的缺陷样本区分开，分别设为 A 域和 B 域，进行相同的裁剪和数据增强方法，将得到 A 域的 3000 张和 B 域的 3000 张缺陷前景作为训练集，训练过程中不同类数据间没有指定对应配对关系。经过 500 余次训练周期，实现了 A 域与 B 域图像的互相转换。缺陷图像的生成结果如图 8-11 所示。

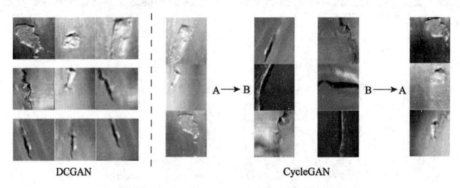

图 8-11　缺陷前景生成实验结果

由图 8-11 展示的实验结果可知，CycleGAN 虽然实现了不同域之间的图像风格转换，但是从转换得到的结果来看，图像风格和缺陷形状均发生了改变，生成网络发现只要转换成另一图像域风格，便可轻易地骗过判别网络；而且，CycleGAN 也提到在发生明显的几何形状改变时表现并不好，因此，并不能实现在不改变缺陷形状的情况下，仅改变缺陷的颜色与纹理。而 DCGAN 生成的缺陷前景不仅保留了缺陷形状，而且空间位置与形状边缘均发生一定的变化(如 DCGAN 结果的第三行)，还出现了新型缺陷前景(如 DCGAN 结果的第二行第三列)，增加了数据多样性；进一步地，DCGAN 还弱化了手机内缺陷样本的颜色与纹理，经过用户主观评测，发现 DCGAN 更能得到多样性的类似图像采集设备得到的缺陷前景。

> **小贴士：什么是 Epoch？**
>
> 答：当一个完整的数据集通过了神经网络一次并且返回了一次，这个过程称为一个 Epoch。
>
> **小贴士：一般训练需要几个 Epoch？**
>
> 答：不幸的是，这个问题并没有正确的答案。对于不同的数据集，答案是不一样的。

但是数据的多样性会影响合适的 Epoch 的数量。需要通过实验来验证。

小贴士：请介绍 GAN 领域较新的研究成果。

BigGAN 是 GAN 领域用于图像生成的重要进展，大幅度地提高了生成图像的分辨率，其生成图像的质量足以以假乱真。Pix2pix GAN 可以实现图像到图像的翻译任务，可以将夜间图像转换为白天的图像，或者将草图转换为逼真的照片，与 CycleGAN 不同的是，Pix2pix 的训练样本应该是成对出现的，而 CycleGAN 的训练样本可以是在不同图像域的任意图片。StyleGAN 也是 GAN 研究领域的另一项重大突破，StyleGAN 在面部生成任务中创造了新纪录。算法的核心是风格转移技术或风格混合。除了生成面部外，它还可以生成高质量的汽车、卧室等图像。

8.4 项目实战

8.4.1 DCGAN

本小节介绍 8.2 节介绍的 DCGAN 的代码实现。

可以在 MNIST 手写字数据集上测试以下程序。数据的下载地址见二维码。

1）构建生成网络

```
def generator_model():
    model = Sequential()
    model.add(Dense(input_dim=100, output_dim=1024))
    model.add(Activation('tanh'))
    model.add(Dense(128*7*7))
    model.add(BatchNormalization())
    model.add(Activation('tanh'))
    model.add(Reshape((7, 7, 128), input_shape=(128*7*7,)))
    model.add(UpSampling2D(size=(2, 2)))
    model.add(Conv2D(64, (5, 5), padding='same'))
    model.add(Activation('tanh'))
    model.add(UpSampling2D(size=(2, 2)))
    model.add(Conv2D(1, (5, 5), padding='same'))
    model.add(Activation('tanh'))
    return model
```

2）构建判别网络

```
def discriminator_model():
    model = Sequential()
    model.add(
        Conv2D(64, (5, 5),
            padding='same',
            input_shape=(28, 28, 1))
        )
```

```python
model.add(Activation('tanh'))
model.add(MaxPooling2D(pool_size=(2, 2)))
model.add(Conv2D(128, (5, 5)))
model.add(Activation('tanh'))
model.add(MaxPooling2D(pool_size=(2, 2)))
model.add(Flatten())
model.add(Dense(1024))
model.add(Activation('tanh'))
model.add(Dense(1))
model.add(Activation('sigmoid'))
return model
```

3）DCGAN 网络训练

```python
def train(BATCH_SIZE):
    (X_train, y_train), (X_test, y_test) = mnist.load_data()
    X_train = (X_train.astype(np.float32) - 127.5)/127.5
    X_train = X_train[:, :, :, None]
    X_test = X_test[:, :, :, None]
    d = discriminator_model()
    g = generator_model()
    d_on_g = generator_containing_discriminator(g, d)
    d_optim = SGD(lr=0.0005, momentum=0.9, nesterov=True)
    g_optim = SGD(lr=0.0005, momentum=0.9, nesterov=True)
    g.compile(loss='binary_crossentropy', optimizer="SGD")
    d_on_g.compile(loss='binary_crossentropy', optimizer=g_optim)
    d.trainable = True
    d.compile(loss='binary_crossentropy', optimizer=d_optim)
    for epoch in range(100):
        print("Epoch is", epoch)
        print("Number of batches", int(X_train.shape[0]/BATCH_SIZE))
        for index in range(int(X_train.shape[0]/BATCH_SIZE)):
            noise = np.random.uniform(-1, 1, size=(BATCH_SIZE, 100))
            image_batch=X_train[index*BATCH_SIZE:(index+1)*BATCH_SIZE]
            generated_images = g.predict(noise, verbose=0)
            if index % 20 == 0:
                image = combine_images(generated_images)
                image = image*127.5+127.5
                Image.fromarray(image.astype(np.uint8)).save(
                    str(epoch)+"_"+str(index)+".png")
            X = np.concatenate((image_batch, generated_images))
            y = [1] * BATCH_SIZE + [0] * BATCH_SIZE
            d_loss = d.train_on_batch(X, y)
            print("batch %d d_loss : %f" % (index, d_loss))
            noise = np.random.uniform(-1, 1, (BATCH_SIZE, 100))
            d.trainable = False
            g_loss = d_on_g.train_on_batch(noise, [1] * BATCH_SIZE)
            d.trainable = True
            print("batch %d g_loss : %f" % (index, g_loss))
            if index % 10 == 9:
                g.save_weights('generator', True)
                d.save_weights('discriminator', True)
```

4）DCGAN 网络测试

```
def generate(BATCH_SIZE, nice=False):
    g = generator_model()
    g.compile(loss='binary_crossentropy', optimizer="SGD")
    g.load_weights('generator')
    if nice:
        d = discriminator_model()
        d.compile(loss='binary_crossentropy', optimizer="SGD")
        d.load_weights('discriminator')
        noise = np.random.uniform(-1, 1, (BATCH_SIZE*20, 100))
        generated_images = g.predict(noise, verbose=1)
        d_pret = d.predict(generated_images, verbose=1)
        index = np.arange(0, BATCH_SIZE*20)
        index.resize((BATCH_SIZE*20, 1))
        pre_with_index = list(np.append(d_pret, index, axis=1))
        pre_with_index.sort(key=lambda x: x[0], reverse=True)
        nice_images=np.zeros((BATCH_SIZE,)+generated_images.shape[1:
3], dtype=np.float32)
        nice_images = nice_images[:, :, :, None]
        for i in range(BATCH_SIZE):
            idx = int(pre_with_index[i][1])
            nice_images[i, :, :, 0] = generated_images[idx, :, :, 0]
        image = combine_images(nice_images)
    else:
        noise = np.random.uniform(-1, 1, (BATCH_SIZE, 100))
        generated_images = g.predict(noise, verbose=1)
        image = combine_images(generated_images)
    image = image*127.5+127.5
Image.fromarray(image.astype(np.uint8)).save("generated_image.png")
```

8.4.2 CycleGAN

本小节介绍 8.2 节介绍的 CycleGAN 的代码实现。
苹果和橙子数据集下载地址见二维码。

1）构建判别网络

```
def build_discriminator(self):
    def conv2d(layer_input, filters, f_size=4, normalization=True):
        d=Conv2D(filters,kernel_size=f_size,strides=2,padding='same')
(layer_input)
        if normalization:
            d = InstanceNormalization()(d)
        d = LeakyReLU(alpha=0.2)(d)
        return d
    img = Input(shape=self.img_shape)
    d1 = conv2d(img, 64, normalization=False)
    d2 = conv2d(d1, 128)
    d3 = conv2d(d2, 256)
    d4 = conv2d(d3, 512)
    validity = Conv2D(1, kernel_size=3, strides=1, padding='same')(d4)
```

2）构建生成网络

```python
def get_resnet(input_height, input_width, channel):
    img_input = Input(shape=(input_height, input_width, 3))
    x = ZeroPadding2D((3, 3), data_format=IMAGE_ORDERING)(img_input)
    x = Conv2D(64, (7, 7), data_format=IMAGE_ORDERING)(x)
    x = InstanceNormalization(axis=3)(x)
    x = Activation('relu')(x)
    x = ZeroPadding2D((1, 1), data_format=IMAGE_ORDERING)(x)
    x = Conv2D(128, (3, 3), data_format=IMAGE_ORDERING, strides=2)(x)
    x = InstanceNormalization(axis=3)(x)
    x = Activation('relu')(x)
    x = ZeroPadding2D((1, 1), data_format=IMAGE_ORDERING)(x)
    x = Conv2D(256, (3, 3), data_format=IMAGE_ORDERING, strides=2)(x)
    x = InstanceNormalization(axis=3)(x)
    x = Activation('relu')(x)
    for i in range(9):
        x = identity_block(x, 3, 256, block=str(i))
    x = (UpSampling2D((2, 2), data_format=IMAGE_ORDERING))(x)
    x = ZeroPadding2D((1, 1), data_format=IMAGE_ORDERING)(x)
    x = Conv2D(128, (3, 3), data_format=IMAGE_ORDERING)(x)
    x = InstanceNormalization(axis=3)(x)
    x = Activation('relu')(x)
    x = (UpSampling2D((2, 2), data_format=IMAGE_ORDERING))(x)
    x = ZeroPadding2D((1, 1), data_format=IMAGE_ORDERING)(x)
    x = Conv2D(64, (3, 3), data_format=IMAGE_ORDERING)(x)
    x = InstanceNormalization(axis=3)(x)
    x = Activation('relu')(x)
    x = ZeroPadding2D((3, 3), data_format=IMAGE_ORDERING)(x)
    x = Conv2D(channel, (7, 7), data_format=IMAGE_ORDERING)(x)
    x = Activation('tanh')(x)
    model = Model(img_input, x)
    return model
```

3）CycleGAN 网络训练

```python
#   训练生成模型
g_loss = self.combined.train_on_batch([imgs_A, imgs_B],[valid, valid,
                                      imgs_A, imgs_B, imgs_A, imgs_B])
#   训练评价者
fake_B = self.g_AB.predict(imgs_A)
fake_A = self.g_BA.predict(imgs_B)
#   判断真假图片，并以此进行训练
dA_loss_real = self.d_A.train_on_batch(imgs_A, valid)
dA_loss_fake = self.d_A.train_on_batch(fake_A, fake)
dA_loss = 0.5 * np.add(dA_loss_real, dA_loss_fake)
#   判断真假图片，并以此进行训练
dB_loss_real = self.d_B.train_on_batch(imgs_B, valid)
dB_loss_fake = self.d_B.train_on_batch(fake_B, fake)
dB_loss = 0.5 * np.add(dB_loss_real, dB_loss_fake)
```

```
d_loss = 0.5 * np.add(dA_loss, dB_loss)
```

4）CycleGAN 网络测试

```
imgs_A = self.data_loader.load_data(domain="A", batch_size=1, is_
testing=True)
imgs_B = self.data_loader.load_data(domain="B", batch_size=1, is_
testing=True)
fake_B = self.g_AB.predict(imgs_A)
fake_A = self.g_BA.predict(imgs_B)
```

8.5 本章小结

本章介绍了对抗生成神经网络，生成对抗网络模型主要包括两部分：生成网络和判别网络，并介绍了两种重要的 GAN 模型，DCGAN 和 CycleGAN。DCGAN 可以通过随机噪声生成不同的样本，而 CycleGAN 可以实现不同图像域之间的转换。本章的最后，介绍了 DCGAN 及 CycleGAN 的代码实现。

8.6 习题

1. 数据生成器的概念是什么？我们什么时候需要使用它？
2. 简述 GAN 网络的原理及基本结构。
3. 简述 DCGAN 的原理和主要用途。
4. 简述 CycleGAN 的原理和主要用途。
5. 简述 DCGAN 和 CycleGAN 结构上的不同。

第9章 样本制作与数据增强

微课视频

根据前几章的描述，基于深度学习的视频分析算法是依赖于数据训练的，数据是深度学习的主要原料，对于算法性能的提升是非常重要的。本章将重点介绍数据的获取、标注、增强及处理方法。

本章学习目标

- 数据获取的主要途径
- 人工数据标注的主要方法
- 数据增强算法
- 数据增强的项目实战

9.1 数据的获取

训练数据的来源主要包括网上公开数据库和自采数据库两种。网上公开数据库的优点在于数据类型全、标注比较规范，而缺点在于与实际的需求场景差距较大。自采数据库是根据项目需求自行采集的数据，根据需求完成数据标注。自采数据库的缺点是场景较为单一、移植性差等。一般会采用公开数据库和自采数据库结合的方式完成数据训练。

9.2 数据的标注

本章主要介绍目标检测和图像分割的数据标注方法。以下两种软件都是开源软件，可以直接下载获取。

9.2.1 目标检测与识别标注软件 LabelImg

对于标注图像中目标（目标检测和分类）需要借助标注软件 LabelImg。该软件是一个专门为创建自己的数据集而研发的可视化图像标注软件。它由 Python 语言创建的，并调用 QT 制作图形界面，最后给出的标注信息与 PASCAL VOC 格式一致，最终保存存成 XML 文件，如图 9-1 所示。

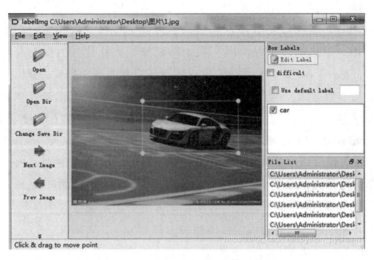

图 9-1　LabelImg 标注软件示意图

9.2.2 图像分割标注软件 LabelMe

图像分割样本的标注一般采用 LabelMe 软件，如图 9-2 所示。对于图像中车道线的标注采用 LabelMe 软件，与 LabelImg 相比，它可以采用多个点来描述标注对象的外形，这在弯道中的车道线标注是很重要的功能。LabelMe 的保存格式为 json 格式，训练时需要把它转化为图像标注形式（png 格式的图片标签），具体过程如图 9-2 所示。

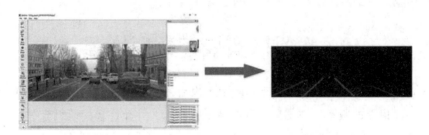

图 9-2　LabelMe 标注软件以及格式转化过程示意图

9.3　数 据 增 强

训练数据数量的增加可以大大提高模型的泛化能力，所以在训练之前一般要进行数据增强。视觉模型的数据增强策略通常是针对特定的数据集或特定的机器学习网络架构。例如进行模型训练时通常使用随机变换，变换的主要方式包括：传统的图像领域的数据增强技术是以仿射变换为基础的——例如旋转、缩放、平移等，以及一些简单的图像处理手段——例如光照色彩变换、对比度变换、添加随机噪声（高斯噪声、椒盐噪声）等。这些变化的前提是不改变图像的类别属性，并且只能局限在图像域。这种基于几何变换和图像操作的数据增强方法可以在一定程度上缓解神经网络过拟合的问题，提高泛化能力。但是与增加原始数据相比，增加的数据并没有从根本上解决数据不足的难题；同时，这种数据增强方式需要人为设定转换函数和对应的参数，一般都是凭借经验知识，最优数据增强难以实现，所以模型的泛化性能提升有限。然而数据增强的另一种方法——图像合成可以使生成的图像更加真实、多样并满足输入条件，从真正意义上扩充了数据域，提升训练模型的鲁棒性。早期的图像合成，人们只能进行简单线段、规则形状的合成。后来随着特征表达技术的发展，如主成分分析（Principal Components Analysis, PCA）、独立成分分析（Independent Component Analysis, ICA）的出现使得图像合成可以完成规则纹理及结构简单的图像合成。最近深度卷积神经网络的发展催生了很多深度图像合成模型，如变分自编码器、生成对抗网络（GAN）、自回归模型（Auto-regression）等。这些基于合成的方法相比传统的数据增强方法虽然过程更加复杂，通常都需要训练和学习，但是合成的样本更加多样和复杂，从真正意义上扩充了数据域。

数据合成的方法可以增加样本的数量，已经被广泛应用于目标检测图像分类与图像分割的任务中。利用计算机图形学的最新进展已经可以生成带有标注的，动态的和逼真的虚拟样本。一种有效的从虚拟世界到虚拟世界的克隆方法被提出，成功地构建并公开发布了一个新的视频数据集，Virtual KITTI（VKITTI）。该数据集包含全面而准确的标签信息，可用于目标检测、跟踪以及实例分割、深度估计等任务。另外，实验结果证实使用合成的数据对目标检测模型进行预训练和使用真实数据进行预训练的效果相当。

基于生成对抗网络（GAN）的数据增强算法可以参考第8章，本章主要介绍基于传统的图像领域的数据增强技术的实战方法。

9.4 项目实战：数据增强

"imgaug"是一个用于机器学习实验中图像增强的Python依赖库，支持Python 2.7和Python 3.4以上的版本。它支持多种图像增强技术，并允许轻松地组合这些技术，具有简单但功能强大的随机界面，支持关键点（Keypoint）和标注框（Bounding Box）一起变换，并在后台进程中提供增强功能以提高性能。

9.4.1 数据增强库的安装与卸载

```
# 通过github安装
pip install git+https://github.com/aleju/imgaug
# 通过pypi安装
```

```
pip install imgaug

# 本地安装,下面的VERSION变成自己想要安装的version,例如:
imgaug-0.2.5.tar.gz
python setup.py sdist && sudo pip install dist/imgaug-VERSION.tar.gz

# 卸载
pip uninstall imgaug
```

9.4.2 数据增强库的基本使用

(1)导入第三方库。

```python
import cv2
from imgaug import augmenters as iaa
```

(2)产生一个处理图片的Sequential。

```python
seq = iaa.Sequential([
    iaa.Crop(px=(0,30)),          # 从每侧裁剪图像0到16px(随机选择)
    iaa.Fliplr(0.7),              # 水平翻转图像
    iaa.GaussianBlur(sigma=(0, 2.0)),  # 使用0到3.0的sigma模糊图像
    iaa.Dropout(0.3),             # 随机去掉一些像素点,即把这些像素点变成0
    iaa.Grayscale(0.9),           # 变成灰度图
    iaa.Emboss(0.9),              # 浮雕
    iaa.EdgeDetect(0.5),          # 边缘检测
    iaa.AdditiveGaussianNoise(loc=0, scale=50),  # 添加高斯噪声
    iaa.Multiply(2),              # 给图像中的每个像素点乘一个值使得图片更亮或者更暗
    iaa.contrast.LinearContrast(2),  # 改变图像的对比度
    #仿射变换。包含:放缩(zoom)、平移(translation)、旋转(rotation)、错切(shear)。仿设变换通常会产生一些新的像素点,
    #我们需要指定这些新的像素点的生成方法,这种指定通过设置cval和mode两个参数来实现。参数order用来设置插值方法。
    iaa.Affine(scale=0.5, translate_percent=-0.2, rotate=0, shear=90, order=1, cval=0, mode='constant')
])
```

(3)读入图片,执行变换以及保存图片。

```python
imglist = []
img = cv2.imread('.\shujuzengqiang\orial.jpg')
imglist.append(img)
images_aug = seq.augment_images(imglist)
cv2.imwrite(".\shujuzengqiang\dropout\orial_dropout.jpg",images_aug[0])
```

9.4.3 样本数据增强的结果

单样本数据增强方法包括空间几何变换以及颜色变换。其中,几何变换的操作主要

有翻转、切割、旋转、缩放变形、仿射；颜色变换的操作主要有高斯噪声、模糊、HSV对比度变换、随机擦除法、锐化与浮雕等。数据处理的结果如图9-3所示。

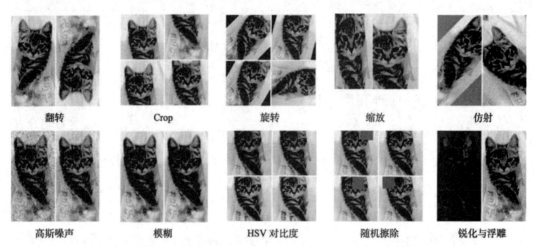

图 9-3　单样本数据增强的结果

9.4.4　关键点变换

imgaug库支持在图像变换的同时变换图像中的关键点。关键点变换的结果如图9-4所示，代码如下。

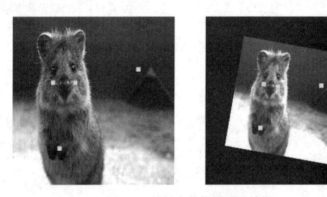

图 9-4　关键点数据增强的结果

（1）导入第三方库。

```
import cv2
import matplotlib.pyplot as plt
import imgaug as ia
from imgaug import augmenters as iaa
```

（2）导入一张原图。

```
image = ia.data.quokka(size=(256, 256))
```

(3)定义四个关键点。

```
keypoints = ia.KeypointsOnImage([
    ia.Keypoint(x=65, y=100),
    ia.Keypoint(x=75, y=200),
    ia.Keypoint(x=100, y=100),
    ia.Keypoint(x=200, y=80)], shape=image.shape)
```

(4)定义一个变换序列。

```
seq = iaa.Sequential([
    iaa.Multiply((1.2, 1.5)),  # 改变亮度,不影响关键点
    iaa.Affine(
        rotate=10,
        scale=(0.5, 0.7)
    )  # 旋转10度然后缩放,会影响关键点
])

# 固定变换序列,之后就可以先变换图像然后变换关键点,这样可以保证两次的变换完全相同。
# 如果调用此函数,需要在每次批量处理时都调用一次,否则不同的批次执行相同的变换。
seq_det = seq.to_deterministic()
```

(5)取出该图和关键点。

```
# 转换成list或者batch来变换。由于只有一张图片,因此用[0]来取出该图和关键点。
image_aug = seq_det.augment_images([image])[0]
keypoints_aug = seq_det.augment_keypoints([keypoints])[0]
```

(6)打印坐标。

```
# 获得四舍五入的整数坐标
for i in range(len(keypoints.keypoints)):
    before = keypoints.keypoints[i]
    after = keypoints_aug.keypoints[i]
    print("Keypoint %d: (%.8f, %.8f) -> (%.8f, %.8f)" % (
        i, before.x, before.y, after.x, after.y)
    )
```

(7)将关键点画在图片上。

```
#扩充前后具有关键点的图像
image_before = keypoints.draw_on_image(image, size=7)
image_after = keypoints_aug.draw_on_image(image_aug, size=7)
fig, axes = plt.subplots(2, 1, figsize=(20, 15))
plt.subplots_adjust(left=0.2, bottom=0.2, right=0.8, top=0.8,
hspace=0.3, wspace=0.0)
axes[0].set_title("image before")
axes[0].imshow(image_before)
axes[1].set_title("image after augmentation")
axes[1].imshow(image_after)
plt.show()
```

(8)使用 opencv 库保存变换前后的两张图像。

```
cv2.imwrite(".\shujuzengqiang\keypoint\image_before.jpg",
image_before)
cv2.imwrite(".\shujuzengqiang\keypoint\image_after.jpg",
image_after)
```

9.4.5 标注框（Bounding Box）变换

imgaug 在图像变换的同时变换图像中的 Bounding Box。

（1）将 Bounding Box 封装成对象；

（2）对 Bounding Box 进行变换；

（3）将 Bounding Box 画在图像上；

（4）移动 Bounding Box 的位置，将变换后的 Bounding Box 映射到图像上，计算 Bounding Box 的 IoU。

Bounding Box 变换的结果如图 9-5 所示。

图 9-5 Bounding Box 变换的结果

（1）导入第三方库。

```
import cv2
import matplotlib.pyplot as plt
import imgaug as ia
from imgaug import augmenters as iaa
ia.seed(1)
```

（2）导入 quokka 的一张原图。

```
image = ia.data.quokka(size=(256, 256))
```

（3）定义两个 Bounding Box。

```
bbs = ia.BoundingBoxesOnImage([
    ia.BoundingBox(x1=65, y1=100, x2=200, y2=150),
    ia.BoundingBox(x1=150, y1=80, x2=200, y2=130)],
shape=image.shape)
```

(4)定义一个变换序列。

```
seq = iaa.Sequential([
iaa.Multiply((1.2, 1.5)), # 改变亮度,不影响 bounding box
iaa.Affine(
    translate_px={"x": 40, "y": 60},
    scale=(0.5, 0.7)
    ) # 平移后缩放,会影响 bounding box
])
# 固定变换
seq_det = seq.to_deterministic()
```

(5)变换图像和 bounding box。

```
image_aug = seq_det.augment_images([image])[0]
bbs_aug = seq_det.augment_bounding_boxes([bbs])[0]
```

(6)打印坐标。

```
for i in range(len(bbs.bounding_boxes)):
    before = bbs.bounding_boxes[i]
    after = bbs_aug.bounding_boxes[i]
    print("BB %d: (%.4f, %.4f, %.4f, %.4f) -> (%.4f, %.4f, %.4f, %.4f)" % (
        i,
        before.x1, before.y1, before.x2, before.y2,
        after.x1, after.y1, after.x2, after.y2)
    )
# 输出
# BB 0: (65.0000, 100.0000, 200.0000, 150.0000) -> (130.7524, 171.3311, 210.1272, 200.7291)
# BB 1: (150.0000, 80.0000, 200.0000, 130.0000) -> (180.7291, 159.5718, 210.1272, 188.9699)
```

(7)增强前后的图像显示。

```
image_before = bbs.draw_on_image(image)
image_after = bbs_aug.draw_on_image(image_aug, color=[0, 0, 255])
```

```
fig, axes = plt.subplots(2, 1, figsize=(20, 15))
plt.subplots_adjust(left=0.2, bottom=0.2, right=0.8, top=0.8,
hspace=0.3, wspace=0.0)
axes[0].set_title("image before")
axes[0].imshow(image_before)
axes[1].set_title("image after augmentation")
axes[1].imshow(image_after)

plt.show()
```

(8)使用 Opencv 保存变换前后的两张图像。

```
cv2.imwrite(".\image_before.jpg", image_before)
cv2.imwrite(".\image_after.jpg", image_after)
```

9.5 本章小结

本章主要介绍了样本制作与增强的方法。为了提高深度学习模型在应用场景下的性能，需要挑选适合的训练数据。当数据可以代表真实的分布情况时，系统的实际应用性能最好，而要使数据接近真实的分布情况需要大规模的训练数据集，保证数据集中囊括应用场景中所有可能出现的情况。本章主要介绍了人工标注数据的方法及数据增强算法，并提供了数据增强的代码实现方法。

9.6 习题

1. 样本增强的作用和意义是什么？
2. 用传统图像处理方法实现的样本增强算法有哪些？如何选择哪一种样本增强的方式？

第 10 章

Keras 安装和 API

微课视频

本章将介绍如何安装 Anaconda、TensorFlow 以及 Keras，逐步生成一个可实际运行的环境，以使大家在短时间内快速地由直观印象进入到可操作及实践的计算机视觉世界。此外，我们会概括性介绍 Keras 的 API 和 TensorFlow API。

本章学习目标

- 安装 Anaconda
- 安装和配置 TensorFlow 和 Keras
- 掌握 Keras API 和 TensorFlow API

10.1 安装 Keras

以下将演示如何在多个不同的平台上安装 Keras。

10.1.1 第 1 步——安装依赖项

首先，安装 numpy 包，这个包为大型多维数组、矩阵和高级数学函数提供了支持。然后，安装用于科学计算的 scipy 库。比较合适的是安装 scikit-learn 包，这个包被认为是 Python 用于机器学习的"瑞士军刀"。这里，我们用它来做数据探索。作为可选项，我们还可以安装用于图像处理的 pillow 包以及 Keras 模型存储中用于数据序列化的 h5py 包。单一的命令行就可以完成所有安装。或者，我们也可以安装 Anaconda Python，它会自动安装 numpy、scipy、scikit-learn、h5py、pillow 以及许多其他用于科学计算的依赖库。Anaconda 可以在 Windows、macOS、Linux 等主流系统平台中安装和使用。Anaconda 的下载地址见二维码。

1. Windows 系统安装 Anaconda

从上述下载地址选择相应的版本进行下载即可,下载过程中除了确认安装位置外,还需要将 Anaconda 加入到环境变量。图 10-1 是 Windows 系统安装 Anaconda 的示意图。

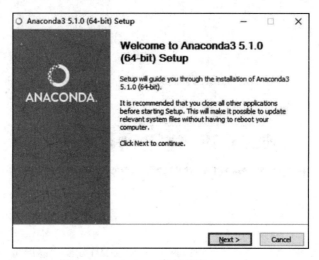

图 10-1　Windows 系统安装 Anaconda

2. macOS 系统安装 Anaconda

从上述下载地址选择相应的版本进行下载即可,图 10-2 是 macOS 系统安装 Anaconda 的示意图。

图 10-2　macOS 系统安装 Anaconda

3. Linux 系统安装 Anaconda

从上述下载地址选择相应的版本进行下载,本书下载的版本为 "Anaconda3-5.1.0-Linux-x86_64.sh"。找到自己的下载目录,右击,从弹出的菜单中选择 Open in Terminal,在终端中输入 "bash Anaconda3-5.1.0-Linux-x86_64.sh" 开始安装。图 10-3 是 Ubuntu16.04

系统安装 Anaconda 的示意图。

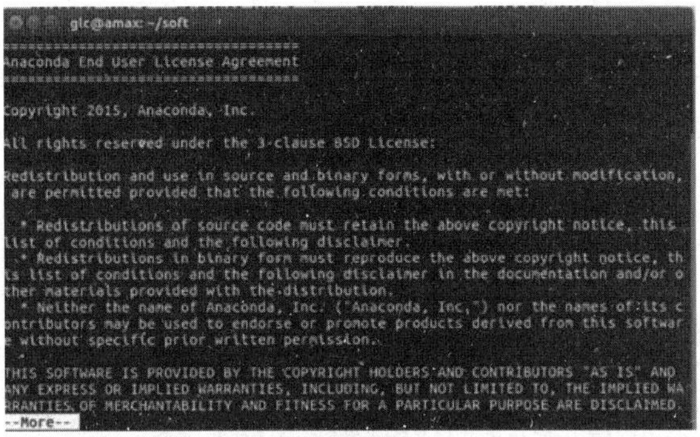

图 10-3　Ubuntu16.04 系统安装 Anaconda

10.1.2　第 2 步——安装 TensorFlow

现在我们按照 TensorFlow 网站的指南来安装 TensorFlow。我们将借助 pip 来安装正确的包，安装命令为："pip install TensorFlow-gpu==1.12"。如果只使用 CPU，则安装命令为"pip install TensorFlow-cpu==1.12。如果要使用别的版本或者镜像源，则使用命令："pip install TensorFlow-gpu（cpu）==版本号 -i 镜像源"。

图 10-4 所示分别是 Windows 系统、macOS 系统以及 Ubuntu 16.04 系统安装 TensorFlow 的示意图。

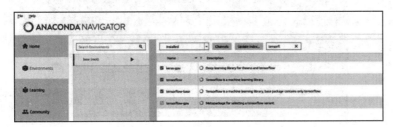

图 10-4　不同操作系统安装 TensorFlow

如要使用 GPU 版的 TensorFlow，则还需要安装 cuDNN 和 CUDA。这里不需要手动分别安装，只需要在 Anaconda 中安装带 GPU 环境的 TensorFlow 即可。安装 Anaconda 成功后使用 anaconda-navigator 命令启动导航窗口。在窗口的 Environment 中选择 uninstall 输入 TensorFlow 会出现带 GPU 的 TensorFlow 环境，单击安装即可，安装后关于 GPU 相关的 CUDA 和 cuDNN 都一起安装了，不用再单独安装。TensorFlow 版本和 CUDA，cuDNN 版本有固定的对应关系，这样直接一起安装，避免了版本不对应问题，如图 10-5 所示。

图 10-5　Anaconda 导航窗口

10.1.3 第 3 步——安装 Keras

现在，我们可以简单地安装 Keras，然后来测试安装好的环境，方法相当简单，我们还是用 pip，安装命令为："pip install keras"。

10.1.4 第 4 步——测试 TensorFlow 和 Keras

现在来测试环境。我们先来测试一下 TensorFlow。如图 10-6 所示，在 Ubuntu 系统终端中，输入"python"，然后逐行输入下面的文字：
>>> import TensorFlow as tf
>>> hello = tf.constant('Hello, TensorFlow!')
>>> sess = tf.Session()
>>> print(sess.run(hello))
当输出下面这行字，说明 TensorFlow 安装成功。
Hello, TensorFlow!

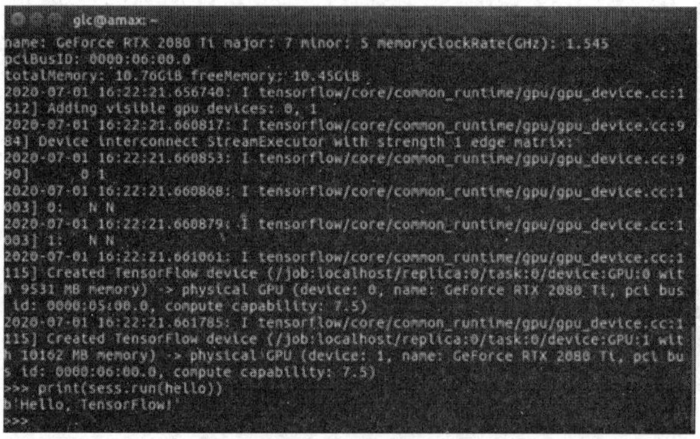

图 10-6　测试 TensorFlow

现在 TensorFlow 好了，我们来测试一下 Keras，如图 10-7 所示，输入"import keras"，当输出 Using TensorFlow backend 表示 Keras 安装成功。

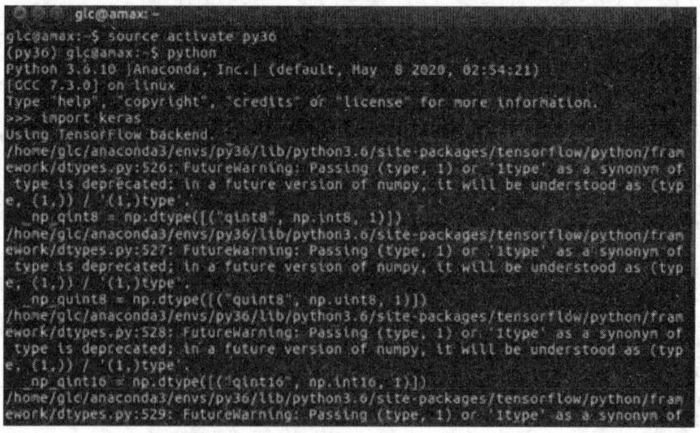

图 10-7　测试 Keras

10.2 配置 Keras

Keras 有一个最小配置级文件。我们在 vi 中把这个文件打开,参数都很简单,如表 10-1 所示。

表 10-1　Keras 参数

参　数	取　值
image_dim_ordering	值为 tf 代表 TensorFlow 的图像顺序
Epsilon	计算中使用的 epsilon
Floatx	可为 float32 或 float64
Backend	可为 TensorFlow 或 theano

10.3　Keras API

Keras 是一个用 Python 编写的高级神经网络 API,它能够以 TensorFlow、CNTK 或者 Theano 作为后端运行,是一个模块化、最小化并且非常容易扩展的架构。它的开发者 Francois Chollet 说:"当时开发这个库的目的是快速地实验,能够在最短的时间内把想法转换成结果,而这正是好的研究的关键。"浏览二维码所示网址,可获得 Keras 的中文文档手册。其具体特点如下。

① 用户友好:Keras 是为人类而不是为机器设计的 API。它把用户体验放在首要和中心位置。Keras 提供一致且简单的 API,将常见用例所需的用户操作数量降至最低,并且在用户错误时提供清晰和可操作的反馈。

② 模块化:一个模型就是一些独立模块的序列化或者图形化组合,它们就像乐高积木一样可以联合起来搭建神经网络。换句话说,这个库预定义了大量的不同类型的神经网络层的实现,如成本函数、优化器、初始化方案、激活函数,以及正则化方案等。

③ 最小化:本库使用 Python 实现,每个模块都十分简洁。

④ 易扩展性:这个库可以扩展出新的功能。

10.4　TensorFlow API

TensorFlow 是一个采用数据流图(Data flow graphs),用于数值计算的开源软件库。节点(Nodes)在图中表示数学操作,图中的线(Edges)则表示在节点间相互联系的多维数据数组,即张量(Tensor)。它灵活的架构让用户可以在多种平台上展开计算,例如台式计算机中的一个或多个 CPU(或 GPU)、服务器、移动设备等。TensorFlow 最初由 Google 大脑小组(隶属于 Google 机器智能研究机构)的研究员和工程师们开发,用于机器学习和深度神经网络方面的研究,但这个系统的通用性使其也可广泛用于其他计算领域。

数据流图用"节点"和"线"的有向图来描述数学计算。"节点"一般用来表示施加的数学操作，但也可以表示数据输入的起点/输出的终点，或者是读取/写入持久变量的终点。"线"表示"节点"之间的输入/输出关系。这些数据"线"可以输运"size 可动态调整"的多维数据数组，即"张量"（Tensor）。张量从图中流过的直观图像是这个工具取名为"TensorFlow"的原因。一旦输入端的所有张量准备好，节点将被分配到各种计算设备，完成异步并行的执行运算。浏览二维码所示网址，可获得 TensorFlow 的中文文档手册。其具体特点如下。

① 高度的灵活性：TensorFlow 不是一个严格的"神经网络"库。只要可以将计算表示为一个数据流图，就可以使用 TensorFlow。

② 真正的可移植性：TensorFlow 可以在 CPU 和 GPU 上运行，例如可以运行在台式机、服务器、手机移动设备等。

③ 将科研和产品联系在一起：使用 TensorFlow 可以让应用型研究者将想法迅速运用到产品中，也可以让学术性研究者更直接地彼此分享代码，从而提高科研产出率。

④ 自动求微分：基于梯度的机器学习算法会受益于 TensorFlow 自动求微分的能力。作为 TensorFlow 用户，用户只需要定义预测模型的结构，将这个结构和目标函数结合在一起，并添加数据，TensorFlow 将自动计算相关的微分导数。

⑤ 多语言支持：TensorFlow 有一个合理的 C++使用界面，也有一个易用的 Python 使用界面来构建和执行用户的图。用户可以直接写 Python/C++程序，也可以用交互式的 iPython 界面来用 TensorFlow 尝试些想法，它可以帮你将笔记、代码、可视化等有条理地归置好。

⑥ 性能最优化：由于 TensorFlow 给予了线程、队列、异步操作等以最佳的支持，因此可以将硬件的计算潜能全部发挥出来。你可以自由地将 TensorFlow 图中的计算元素分配到不同设备上，TensorFlow 可以帮你管理好这些不同的副本。

10.5 本章小结

前面章节的代码实现部分均通过 Keras 及 TensorFlow 语言编写。本章对 TensorFlow 库、Keras 库及 Anaconda 库的安装进行详细的介绍，并简单地描述了 Keras API 和 TensorFlow API。通过对本章的学习，可以学习如何运行可实际应用的环境，使大家快速地进入到可运行的计算机视觉的世界。

第11章

综合实验：基于 YOLO 和 Deep Sort 的目标检测与跟踪

微课视频

本章学习目标

- 实现目标检测与跟踪综合实验

11.1 算法流程

本案例使用的是 3.3 节介绍的 YOLO 目标检测算法和 5.4 节介绍的 Deep Sort 目标跟踪算法。综合实验的算法流程如图 11-1 所示。

实现流程为：首先从视频中分解出图像帧，将图像输入目标检测模块，将检测到的动态目标（例如"行人"）输入到目标跟踪模块，而将检测到的静态目标直接输出检测结果。目标跟踪模块为同一动态目标编上同样的编号并显示在目标框的左上角，连接多帧中出现的相同的动态目标，从而画出该动态目标的运动轨迹，目标检测与跟踪的结果如图 11-2 所示。

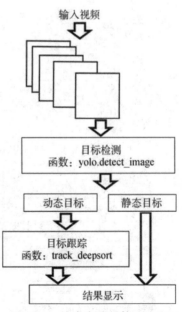

图 11-1 综合实验的算法流程

图 11-2　综合实验的实验结果

11.2　实验代码

1. 目标检测及跟踪主函数

（1）导入第三方库。

```
from yolo import YOLO
from PIL import Image
import os
import sys
import statistics
import getopt
import numpy as np
import cv2
from deep_sort import nn_matching
from deep_sort.detection import Detection
from deep_sort.tracker import Tracker
from tools import generate_detections as gdet
from deep_sort.detection import Detection as ddet
from collections import deque
from deep_sort import preprocessing
```

（2）主函数。

```
if __name__ == "__main__":
###初始化YOLO###
    yolo = YOLO()
    ###设置跟踪参数###
    max_cosine_distance = 0.5
```

```
nn_budget = 20
metric = nn_matching.NearestNeighborDistanceMetric("cosine",
max_cosine_distance,nn_budget)  #最近邻距离度量,对于每个目标,返回到目前为
止已观察到的任何样本的最近距离(欧氏距离或余弦距离)
tracker = Tracker(metric)   #由距离度量方法构造一个Tracker
writeVideo_flag = False
###轨迹点定义###
pts = [deque(maxlen=30) for _ in range(9999)]
model_filename = './model_data/mars-small128.pb'
###DeepSort 模型位置###
encoder = gdet.create_box_encoder(model_filename, batch_size=1)
Obj_centre = [[] for i in range(200)]
Obj_pre_direction = [[] for i in range(200)]
ShowFlag = True ##是否显示结果
###打开摄像机###
#创建 VideoCapture,传入 0 即打开系统默认摄像头
#cap = cv2.VideoCapture(0)
###读取视频###
video_path = 'structure.mp4'
video_capture = cv2.VideoCapture(video_path)
key = ''

while key != 113:  # for 'q' key
    ###读取图像###
    ret, frame = video_capture.read()
    ###目标检测###
    frame2 = Image.fromarray(cv2.cvtColor(frame, cv2.COLOR_BGRA2RGBA))
    boxs_person,boxs_others,labels_others = yolo.detect_image(frame2)

    ###目标跟踪###
    tracker, pts = track_deepsort(frame, boxs_person, boxs_others,
    labels_others, encoder, tracker, pts)
    ###显示检测及跟踪结果###
    cv2.namedWindow("YOLO3_Deep_SORT", 0)
    cv2.resizeWindow('YOLO3_Deep_SORT', 1024, 768)
    cv2.imshow('YOLO3_Deep_SORT', frame)
    cv2.waitKey(3)
```

2. 目标检测部分（YOLO）

```
class YOLO(object):
```

（1）YOLO 参数设置。

```
_defaults = {
    "model_path"        : 'model_data/yolo4_weight.h5',
    "anchors_path"      : 'model_data/yolo_anchors.txt',
    "classes_path"      : 'model_data/coco_classes.txt',
    "score"             : 0.5,
    "iou"               : 0.3,
    "max_boxes"         : 100,
```

```python
    #显存比较小可以使用416×416
    #显存比较大可以使用608×608
    "model_image_size" : (416, 416)
}

@classmethod
def get_defaults(cls, n):
    if n in cls._defaults:
        return cls._defaults[n]
    else:
        return "Unrecognized attribute name '" + n + "'"
```

(2)初始化YOLO。

```python
def __init__(self, **kwargs):
    self.__dict__.update(self._defaults)
    self.class_names = self._get_class()
    self.anchors = self._get_anchors()
    self.sess = K.get_session()
    self.boxes, self.scores, self.classes = self.generate()
```

(3)获得所有的分类。

```python
def _get_class(self):
    classes_path = os.path.expanduser(self.classes_path)
    with open(classes_path) as f:
        class_names = f.readlines()
    class_names = [c.strip() for c in class_names]
    return class_names
```

(4)获得所有的先验框。

```python
def _get_anchors(self):
    anchors_path = os.path.expanduser(self.anchors_path)
    with open(anchors_path) as f:
        anchors = f.readline()
    anchors = [float(x) for x in anchors.split(',')]
    return np.array(anchors).reshape(-1, 2)
```

(5)获得所有的分类。

```python
def generate(self):
    model_path = os.path.expanduser(self.model_path)
    assert model_path.endswith('.h5'), 'Keras model or weights must be a .h5 file.'
```

(6)计算anchors数量。

```python
num_anchors = len(self.anchors)
num_classes = len(self.class_names)
```

(7)载入模型。

```python
try:
```

```python
        self.yolo_model = load_model(model_path, compile=False)
    except:
        self.yolo_model = yolo_body(Input(shape=(None,None,3)), num_anchors
        //3, num_classes)
        self.yolo_model.load_weights(self.model_path)
    else:
        assert self.yolo_model.layers[-1].output_shape[-1] == \
            num_anchors/len(self.yolo_model.output) * (num_classes + 5), \
            'Mismatch between model and given anchor and class sizes'

    print('{} model, anchors, and classes loaded.'.format(model_path))

    #画框设置不同的颜色
    hsv_tuples = [(x / len(self.class_names), 1., 1.)
                    for x in range(len(self.class_names))]
    self.colors = list(map(lambda x: colorsys.hsv_to_rgb(*x), hsv_tuples))
    self.colors = list(map(lambda x: (int(x[0] * 255), int(x[1] * 255), int(x[2] 
* 255)),
            self.colors))

    #打乱颜色
    np.random.seed(10101)
    np.random.shuffle(self.colors)
    np.random.seed(None)

    self.input_image_shape = K.placeholder(shape=(2, ))

    boxes, scores, classes = yolo_eval(self.yolo_model.output, self.anchors,
            num_classes, self.input_image_shape, max_boxes = self.max_boxes,
            score_threshold = self.score, iou_threshold = self.iou)
    return boxes, scores, classes
```

（8）目标检测函数。

```
'''
    函数名称: detect_image
    函数作用: 目标跟踪程序(YOLO V4)
    函数输入: frame: 图像
    函数输出:
        boxs_person: 行人检测框【x1, y1, w, h】
        boxs_others: 其他类别检测框【x1, y1, x2, y2】
        labels_others: 其他框的类别
'''
def detect_image(self, image):
    new_image_size = (self.model_image_size[1],self.model_image_size[0])
    boxed_image = letterbox_image(image, new_image_size)
    image_data = np.array(boxed_image, dtype='float32')
    image_data /= 255.
    image_data = np.expand_dims(image_data, 0)  # Add batch dimension.
    boxs_person = []
    boxs_others = []
```

```python
        labels_others = []
        ###预测结果###
        out_boxes, out_scores, out_classes = self.sess.run(
            [self.boxes, self.scores, self.classes],
            feed_dict={
                self.yolo_model.input: image_data,
                self.input_image_shape: [image.size[1], image.size[0]],
                K.learning_phase(): 0
            })
        for i, c in list(enumerate(out_classes)):
            predicted_class = self.class_names[c]
            box = out_boxes[i]
            score = out_scores[i]
            top, left, bottom, right = box
            ###输入 DeepSort 的格式如下###
            box_deepsort = [left,top,right-left,bottom-top]
            box_other = [left,top,right,bottom]

            if predicted_class == 'person':
                boxs_person.append(box_deepsort)
            else:
                boxs_others.append(box_other)
                labels_others.append(predicted_class)

        return boxs_person,boxs_others,labels_others

    def close_session(self):
        self.sess.close()
```

3. 目标跟踪部分（Deep Sort）

```
'''
函数名称：track_deepsort
函数作用：目标跟踪程序
函数输入：frame：图像
         boxs_person：行人检测框【x1,y1,w,h】
         boxs_others：其他类别检测框【x1,y1,x2,y2】
         labels_others：其他框的类别
         encoder：跟踪器的编码器
         tracker：跟踪器
         pts：运动点初始化值
         show_results：是否显示结果

函数输出：tracker 跟踪器
         pts 运动轨迹

'''
def track_deepsort(frame,boxs_person,boxs_others,labels_others,encoder,
tracker,pts,show_results=True):
    nms_max_overlap = 1.0
```

```python
features = encoder(frame, boxs_person)
detections = [Detection(bbox, 1.0, feature) for bbox, feature in zip(boxs_person, features)]
boxes = np.array([d.tlwh for d in detections])
scores = np.array([d.confidence for d in detections])
indices = preprocessing.non_max_suppression(boxes, nms_max_overlap, scores)
detections = [detections[i] for i in indices]
###跟踪###
tracker.predict()
tracker.update(detections)
i = int(0)
indexIDs = []
###结果显示###
if show_results:
    for det in detections:
        bbox = det.to_tlbr()
        cv2.rectangle(frame, (int(bbox[0]), int(bbox[1])), (int(bbox[2]),
        int(bbox[3])), (255, 255, 255), 2)
    for ii in range(len(boxs_others)):
        bbox = boxs_others[ii]
        label = labels_others[ii]
        cv2.rectangle(frame, (int(bbox[0]), int(bbox[1])), (int(bbox[2]),
        int(bbox[3])), (0, 255, 255), 2)
        cv2.putText(frame, str(label), (int(bbox[0]), int(bbox[1])),
        cv2.FONT_HERSHEY_COMPLEX, 0.5, (0, 255, 255), 2)

    for track in tracker.tracks:
        if not track.is_confirmed() or track.time_since_update > 1:
            continue
        # boxes.append([track[0], track[1], track[2], track[3]])
        indexIDs.append(int(track.track_id))
        bbox = track.to_tlbr()

        cv2.rectangle(frame, (int(bbox[0]), int(bbox[1])), (int(bbox[2]),
        int(bbox[3])), (0, 255, 0), 3)
        cv2.putText(frame, str(track.track_id), (int(bbox[0]), int
        (bbox[1] - 50)), 0, 5e-3 * 150, (0, 255, 0), 2)

        i = i + 1
        center = (int(((bbox[0]) + (bbox[2])) / 2), int(((bbox[1]) +
        (bbox[3])) / 2))
        pts[track.track_id].append(center)
        # draw motion path
        for j in range(1, len(pts[track.track_id])):
            if pts[track.track_id][j - 1] is None or pts[track.track_id][j]
            is None:
                continue
            thickness = int(np.sqrt(64 / float(j + 1)) * 2)
            cv2.line(frame, (pts[track.track_id][j - 1]), (pts[track.
            track_id][j]), (0, 255, 255), thickness)

return tracker,pts
```

11.3 实验评价

  综合实验的结果显示,在目标检测环节,当人群交叉、光照突变时可能出现漏检的现象,这将导致目标跟踪环节出现跟踪错误,应该进一步地调整目标跟踪策略,使目标跟踪算法具有鲁棒性,尤其是解决人员聚集情况下的目标跟踪问题。

图书资源支持

感谢您一直以来对清华版图书的支持和爱护。为了配合本书的使用，本书提供配套的资源，有需求的读者请扫描下方的"书圈"微信公众号二维码，在图书专区下载，也可以拨打电话或发送电子邮件咨询。

如果您在使用本书的过程中遇到了什么问题，或者有相关图书出版计划，也请您发邮件告诉我们，以便我们更好地为您服务。

我们的联系方式：

地　　址：北京市海淀区双清路学研大厦 A 座 714

邮　　编：100084

电　　话：010-83470236　　010-83470237

客服邮箱：2301891038@qq.com

QQ：2301891038（请写明您的单位和姓名）

资源下载： 关注公众号"书圈"下载配套资源。

资源下载、样书申请

书圈

获取最新书目

观看课程直播